스마트폰 이기는 독서

스마트폰 이기는 독서

초판 1쇄 발행 | 2021년 9월 2일

지은이 | 천정은
펴낸이 | 김지연
펴낸곳 | 마음세상

주 소 | 경기도 파주시 한빛로 70 515-501

신고번호 | 제406-2011-000024호
신고일자 | 2011년 3월 7일

ISBN | 979-11-5636-462-7 (03590)

원고투고 | maumsesang2@nate.com

* 값 13,300원

* 마음세상은 삶의 감동을 이끌어내는 진솔한 책을 발간하고 있습니다. 참신한 원고가 준비되셨다면 망설이지 마시고 연락주세요.

스마트폰 이기는 독서

천정은 지음

마음세상

제4장 엄마의 노력, 중요하다

제5장 책을 보는 아이는 세상을 볼 줄 안다

제6장 정답은 책이다

제1장
아이들을 잘 키운다는 것은

엄마, 누구나 처음이다

어릴 적 누구나 그랬듯, 엄마를 떠올리면 편하다, 내 편이다, 내 짜증도 다 받아주는 사람이라고 생각했다.

그렇게 성인이 되어 결혼해서 내가 엄마가 되었다. 24시간 아이 곁에 있는 것도 모자라 혼자 독박육아다. 아빠라는 사람은 사회생활을 핑계로 가정은 뒷전이다.

혼자 독박육아를 하다 보면 나는 하루에도 몇 번씩 괴물로 변해 아이에게 성질을 내고 만다.

엄마도 피곤하고 졸린 데, 왜 엄마만 찾는 거야?

도대체 아빠는 언제 오는 거니?

또 야근이야? 회사는 날마다 회식만 하니?

온갖 짜증이 나지만, 혼자서 화를 참는다.

한 가정의 가장이라는 이유로 독박육아는 오로지 엄마의 몫이다.

아무것도 모르고 해맑게 다가온 아이에게 나는 눈 맞춤을 회피한다. 아이에게 좋지 않은 모습을 보여 준 게 미안해서다.

결혼해보니 현실은 또 달랐다.

남편이라는 사람은 집에 와서도 스마트 폰을 손에 놓지 않는다. 편하게 소파에 기대여 스마트 폰만 들여다보는 모습에 나는 오늘도 한소리를 했다.

"당신만 일해? 나도 일하고 와서 피곤한데. 아이랑 대화도 하고, 운동도 하고 그러면 얼마나 좋아?"

결혼 전에는 좋은 아빠 되자고, 좋은 엄마 되자고 다짐해놓고선. 현실은 늘 퇴근 후 스마트폰만 들여다보는 모습에 울화가 치민다. 저녁을 차리고 아이의 숙제 봐주는 것도 오로지 엄마 몫이다. 온종일 일하고 온건 똑같은데 왠지 나만 손해 보는 느낌이다.

저녁을 먹고 아이들에게 숙제하라고 했더니 큰아들이 이렇게 말한다.

"엄마, 우리도 좀 쉴게요. 아빠도 직장에 갔다 와서 스마트 폰만 들여다보는데. 우리도 스마트폰을 좀 볼게요."

순간 내 표정은 싸늘하게 변했고, 신랑에게 이야기 좀 하자고 했다. 당신이 스마트 폰만 보니 아이들도 보고 배운 거 아니냐고 쓴소리를 했다. 그러자 신랑은 온종일 일만 하고 왔는데 집에 와서 좀 쉬면서 스마트폰을 좀 보는 걸 뭐 그리 대수냐며 반응한다. 그래도 아이들과 학교에서 있었던 이야기, 오늘 하루 보냈던 이야기를 나누면 얼마나 좋냐고 또 한 번 쓴소리를 했다. 차마 "다른 집 아빠들은 축구도 같이 하더라." 라는 말은 하지 못했다. 비교당한다고 생각할까봐 꾹 참았다.

엄마라는 역할이 이렇게 힘들 줄 몰랐다.

결혼 전에는 마냥 '육아를 함께 하자.' '좋은 부모가 되자.' 라고 약속했지만, 현실은 또 달랐다.

맞벌이에 아이 셋을 케어 하다 보면 나는 늘 새벽 1시를 훌쩍 넘어서야 잠이 든다. 만성피로는 내 친구가 되었고, 두통으로 약을 달고 사는 날이 많아졌다.

아이들은 내 잔소리에 늘 토를 달았고, 오늘도 아빠 핑계를 대면서 스마트폰을 손에 놓지 않았다. 길을 가다 보면 너나 할 것 없이 손에 스마트폰을 쥐고 눈은 화면에 고정된 채 신호등을 기다리는 모습을 쉽게 볼 수 있다.

세상이 디지털 시대라지만 이렇게 습관적으로 손에 스마트폰을 잡고 있는 모습을 보면서 뭔가 변화가 필요했다. 그날 나는 신랑에게 집에 와서 소파에 누워서 스마트폰을 볼 거라면 아이들 눈에 띄지 않게 볼 것을 요구했다.

사실 요즘 나는 육아 고민이 한둘이 아니다.

큰아들에게 스마트폰을 사주고 나자, 둘째가 "나도 사줘." 한다. 그리고 막내도 "우리 반 아이들은 다 스마트폰을 가지고 다녀. 나는 엄마랑 연락이 안 돼서 답답해….” 라고 말한다.

과연 스마트 폰을 이렇게 일찍 사주는 게 맞는 걸까?

코로나로 온라인 수업으로 바뀌면서 스마트폰이 없는 막내아들은 불만이 많다. 다들 스마트폰으로 수업하는데 자기 혼자 학교에서 대여해준 패드로 수업을 하기 때문이다.

아이들 사이에서도 스마트 폰 없으면 왠지 왕따라는 딱지가 붙는단다. 그뿐만 아니라 초등학교만 가도 아이들 사교육비에 머리가 지끈거린다. 맞벌이라는 이유로 학원 두세 군데를 보내야 하는데 교육비가 장난 아니다.

내 아이를 위해 남들 좋다는 학원을 보내야 하는 건 아닌가?

우리 아이만 아무것도 안 하는 건 아닌지?

내가 자랄 때는 공부하라는 소리도 듣지 않고, 건강하게 밝게 자라 거라 라는 소리만 들었다.

지금 아무것도 시키지 않는 우리 아이는 왠지 부모를 잘못 만나 뒷바라지 못 해준 건 아닌가 하는 생각이 든다. 학부모 모임이든, 학교 상담만 가도 영어, 수학 학원을 안 다니는 아이는 우리 아이들뿐이기 때문이다. 다들 어디 학원이 좋더라, 어느 선생님이 좋다더라, 라는 대화가 오가지만 나의 입은 한마디도 못 하고 고개만 끄덕이고 온다.

영어 유치원부터 시작한 아이들은 벌써 영어 레벨이 어디라고, 하는데 정작 우리 아이는 공교육을 그대로 믿고 따랐기에, 영어를 시작조차 하지 않았다.

지금이라도 영어 학원을 보내야 할까?

엄마가 영어를 가르쳐야 하나?

별별 생각을 하느라 잠 못 들고 이쪽저쪽 맘 카페에 글을 올려본다.

혹시 영어 학원에 안 보내신 분 계시나요?

저희 아이는 초등 6학년인데 영어를 학교에서만 접하고 있는데 고민입니다.

이런 글에 댓글이 달린다.

지금이라도 학원 보내세요.

6학년이면 빨리 보내야 합니다.

주위에선 벌써 문법, 리딩, 라이팅까지 한답니다.

라는 말을 듣고선 밤새 고민하느라 잠도 제대로 자지 못한다.

과연 뭐가 맞는지?

공교육에서는 영어 수업이 초 3학년부터 있는데,

왜 엄마들은 영어 유치원부터 보내는지?

정답을 찾지 못하고 우왕좌왕하는 엄마라는 역할이 더욱더 어렵다.

엄마라는 역할은 누구나 처음이다.

나 역시 지금도 어. 렵. 다.

어떤 게 정답인가요?

아이를 키울수록 나의 고민은 한 개씩 늘어났다. 좋다는 학원은 너나 할 것 없이 줄을 섰다. 학원비는 20만 원이 족히 넘었고, 엄마들은 아이들 교육에 적극적이었다.

나는 오늘도 직장에서 곰곰이 생각했다. 내가 버는 한 달 월급이 아이들 학원비로 다 나간다고 생각하니 이건 뭔가 아니다 싶었다.

나의 커리어를 위해 직장을 다니고 있지만, 아이들 3명의 교육비로 다 나간다는 게 뭔가 불공평했다.

부모로서 아이를 잘 키워야겠다는 생각은 누구나 똑같다. 다만 아이를 잘 키우는 게 꼭 공부를 잘하게 만드는 건 아니라고 생각했다.

물론 다양한 경험을 시키는 건 좋지만 그게 꼭 돈을 지불해야만 하는 사교육이 된다는 게 아니라는 생각이 들었다.

오늘도 넘쳐나는 정보에 나는 고민에 빠졌다.

사고력 수학? 수영? 바이올린?

남들 하는 대로 따라갔다간 내 월급은 교육비를 내기에도 부족했다. 과연 한 달 200만 원 이상씩 내면서까지 다양한 교육을 하는 게 맞는 걸까?

아이가 셋인 나는 한 달 동안 일한 월급이 고스란히 사교육비로 나가고도 부족할 터였다.

그렇게 나는 깊은 고민에 빠졌다.

과연 어떤 게 정답일까?

남들처럼 과외도 시키고 다양한 체험도 해보라며 선뜻 돈을 내주는 부모가 맞는 걸까?

한 달 동안 번 돈을 아이의 교육비로 다 내는 게 맞는 걸까?

사교육을 통해 아이의 성적을 올리는 게 맞는 걸까?

내 친구는 아이의 사교육에 올인한다. 한 달 동안 번 돈은 당연히 아이의 교육비에 내는 게 맞다고 생각한다.

엄마로서 일하는 이유가 무엇일까?

아이를 잘 키우는 게 남는 거다. 그러니 교육비로 고스란히 나가더라도 아까워해서는 안 된다는 생각이다.

물론 이게 틀린 말은 아니다. 다만 아이를 열심히 뒷받침해서 인 서울에 보내고 나면 나는 할 일을 다 했다고 생각할까?

그때 내 아이는 서울에 대학을 가서 만족할까?

아이의 학비를 내느라 내 인생을 버려도 괜찮을까?

늦둥이를 키우는 친구는 아이를 위해 좋다는 사교육을 시키는 중이다. 첼로, 골프, 사고력 수학까지 운전기사가 되어 온종일 돌아다닌다. 그런 아이에게 쓰는 돈은 당연하다고 이야기한다.

오늘도 나는 계산기를 두드리며 사교육비를 계산해 본다. 맞벌이다 보니 아이 혼자 있는 게 어려워 운동을 보내고 있긴 하지만, 사실 아이가 좋아하지는 않았다.

아이는 집에서 책 읽고 노는 게 더 좋다고 했다.

나는 아이에게 하기 싫은 운동을 억지로 시키느니 집에서 책 읽는 게 맞는다고 결론을 냈다.

막내는 내가 퇴근하면 동화책을 읽은 내용을 말해주느라 바쁘다.

사실 나 역시도 어렸을 적 책 한 권을 읽지 않았다. 학창 시절에 문법 공부하고 원소기호 외우느라 책과 친해질 겨를이 없었다. 쪽지 시험 본 후 성적이 떨어지면 회초리로 맞았기 때문에 암기를 안 할 수가 없었다.

그렇게 성인이 돼서 나는 내가 학창 시절 때 배운 내용이 하나도 기억이 안 난다. 그때 회초리 들었던 선생님만 좋지 않은 기억으로 남아 있다.

강제로 하는 학습, 암기 등이 나에게는 정말 싫었다. 그때 독서를 했다면 내 삶의 방향에 대해 깊이 고민했을 텐데 말이다. 성적에 맞게 대학을 갔고, 졸업 후 취업하는 게 정답인 양 살았던 거였다.

성인이 돼서야 나는 독서의 중요성을 몸소 깨달았다. 세상이 만만치 않다고 느낄 때 책을 읽었고, 삶의 지혜를 배웠다.

왜 이리 급하게 가려고만 했는지.

왜 남들의 눈치만 보고 살았는지.

왜 그리 육아를 어려워하는지.

등을 독서를 통해 알고 느꼈다.

일주일에 1권 이상 읽었던 책들은 지금 내 삶에 고스란히 스며들어 습관으로 자리 잡았다.

새벽 5시에 눈을 떠서 가장 먼저 하는 게 독서이다.

그 누구보다 독서를 통해 삶의 변화를 느꼈다. 그리고 지금은 책을 출간하는 작가가 되었다. 이런 변화를 아이들에게도 보여줄 필요가 있었다.

아이들에게 시험 잘 봐라. 공부해라. 라는 게 과연 맞는 걸까?

사교육으로 아이의 성적을 올리는 게 맞는 걸까?

무엇보다 200만 원이 넘는 사교육비를 감당할 자신도 없었다.

내 삶의 지침이 되 준 독서를 아이에게 사교육 대신 시키기로 했다. 독서를 통해 아이는 세상을 볼 눈이 생기고, 자신의 삶의 방향을 결정 할 꺼라 믿었다. 물론 학습이 더 중요하다는 주위 사람들의 말이 결코 틀리다고 말할 수는 없다.

다만, 내가 경험하고 터득하고 배웠던 독서를 아이에게도 그대로 물려주고 싶었다. 비싼 사교육 대신 독서교육을 통해 아이들이 주체적으로 살기를 바랄 뿐이었다.

오늘도 옆집 엄마 말을 듣고, 브런치 카페에서 정보를 얻고, 맘 카페에서 글을 읽다보면 혼란스럽다.

뭐가 정답인지 모르기 때문이다. 다만 내 불안감을 종식하기 위해선 오늘도 내 아이에게 책 한권을 선물했다. 살면서 힘들 때마다 꺼내볼 양식이 될 것이라는 생각으로 말이다.

남들은 돈 벌어 사교육 200만 원씩 내는 대신 나는 하루 만 원 투자로 아이에게 삶의 지혜를 선물하고 있다.

아이는 소유물이 아니다

이 세상 모든 엄마는 자기의 자식이 최고라고 생각한다.

하지만 자식 사랑이 지나친 나머지 자신의 자식밖에 모르는 바보 같은 엄마가 되면 안 된다.

복잡한 마트에서 엘리베이터를 탔는데, 아들이 "엄마, 사람이 많아서 답답해요. 자꾸 나를 밀어요…." 라고 말하면 조금만 참으라는 말 대신 밀지 좀 마시라며 상대를 탓한다. 그러면서 내려서 계단으로 가자…. 라며 짜증을 내고 가버린다.

엘리베이터 안에 있는 사람이 죄인이라도 된 듯이 쳐다보면서 말이다.

어느 날, 도서관에서 책을 대여하기 위해 자동 반납대에 줄을 서서 기다리고 있었다. 나의 뒤에서 엄마가 아이에게 이렇게 말한다.

"어휴, 왜 이리 사람이 많아? 짜증나게. 도대체 왜 이렇게 늦게 하는 거야? 안 되겠다. 2층으로 가서 빌리자." 라며 찬바람을 내뿜고 올라갔다.

아이는 그런 엄마를 보고 뭐라고 생각할까?

우리 엄마는 대단한 사람이라고 생각할까?

엄마 마음 가는 대로 하다 보면 아이도 혼란 속에 빠질 수 있다.

다들 기다리는 줄을 왜 엄마는 못 기다릴까?

그러면서 아이에게는 인내심 있게 자라라고, 남을 배려하라고 가르친다. 실전에서는 엄마가 마치 아이를 자신의 소유물인 것처럼 행동하면서 말이다.

요즘 아이들은 뭐든 엄마가 다 해준다. 아이를 위해서라면 물불 가리지 않는다. 갓난아이에게 오감을 자극하는 수업은 인기다. 그뿐만 아니라 누군가가 좋다는 수업은 당장 신청을 한다.

내 아이가 좋아할지 안 좋아할지 생각지도 않고 엄마 혼자서 알아서 결정한다.

사실 나의 경우도 그랬다.

어렸을 적 아이에게 교구 수업이 좋다고 해서 신청했었다.

1시간에 10만 원 가까이하는 수업을 신청했으니, 신랑은 미쳤냐며 소리를 질렀다. 아이를 위해 이 정도도 못 해주냐며 실랑이를 벌였지만, 1년도 채 안 되어 수업을 관뒀다.

남들 이야기로는 이런 수업을 어렸을 때 해주면 커서 수 개념도 좋다고 했지만, 나는 수업 내내 못마땅했다.

1시간 동안 아이에게 이거 그려보세요. 이거 쌓아보세요…. 라며 영 성의가 없어 보였다. 안 그래도 신랑에게 한 소리 들으며 겨우 시킨 수업이었는데, 그날 과감히 그만두었다.

아이가 즐거워하지도 않았고, 내 욕심에 억지로 시킨 수업임을 인정했다.

그 후 나는 과감히 나의 팔랑귀를 닫고 살았다.

아이가 엄마의 바람대로 크면 좋겠지만, 엄마의 욕심이 아이를 망칠 수도 있다는 생각이 들었다.

아이의 자유를 무시한 채 엄마의 정보대로 아이를 키우는 게 정답이 아님을 느꼈다. 남들이 좋다는 게 우리 아이에게는 맞지 않을 수도 있겠다고 생각했다.

한번은 문화센터에 가서 온몸에 물감을 묻히며 하는 체험 수업에 갔다.

대부분의 아이는 물감을 묻히고 즐거워했지만, 어떤 아이는 물감 묻는 게 싫어서 울고 있는 아이도 있었다. 나와 같이 간 옆집 아들도 그날 옷에 물감 묻는 게 싫어서 손가락 하나로 겨우 점만 찍고 있었다.

보다 못한 엄마는 다른 아이는 적극적으로 하는데, 왜 우리 아이는 이러는지 모르겠다며 아이에게 뭐라 했다. 마치 아이가 엄마 뜻대로 하지 않았다는 이유로 말이다.

오감이 발달하게 하려고 데려왔더니 소극적으로 수업에 임했다면서 성낸 목소리를 냈다. 아이가 큰 잘못이라도 한 듯 말이다.

아이가 학교에 들어가면 엄마들은 아이의 모든 일정을 프린트해서 벽에 붙여 놓는다. 나의 지인도 학교 끝나고 하루일과를 적어서 아이에게 일러두었다. 그렇게 일주일 동안 하는 수업만 4~5가지가 넘는다. 월수금은 영어,피아노,수영 화목토는 수학,논술,미술 주말에는 체험 수업 등이다.

겨우 초등학교 1학년 아이가 소화하기에는 벅찬 일과다. 엄마가 아이와 상의해서 짠 계획표가 아니라, 엄마가 아이를 훌륭한 사람으로 키워야겠다는 생각으로 짜놓은 시간표다. 어른인 내가 이 시간표를 봐도 숨이 막힌다.

아이는 엄마가 하자는 대로 하는 소유물이 아닌데 말이다.

이 학원 끝나면 차가 다음 학원으로 데려다주고, 서너 군데 돌다가 집에 오면 저녁 먹고, 영어 숙제를 한다고 한다. 그렇게 아이는 엄마에게 길들여지면, 어느 순간 모든 결정권은 엄마에게 있게 된다.

엄마가 친구도 정해주고, 엄마가 정해주는 옷을 입고, 정해진 음식을 먹고 엄마가 원하는 학교에 다닌다.

이때 아이가 과연 행복할까?

아이의 인생을 엄마가 대신 살아줄 수는 없다.

그런데 어렸을 때부터 엄마가 대신 살아줄 수 있을 것처럼 다 해준다. 어느 순간 아이는 엄마가 곁에 없으면, 혼자 할 수 있는 일이 하나도 없다.

나의 경우는 무슨 일이든 아이의 결정에 맡긴다.

아이에게 물어보고 아이의 의사를 존중해 준다.

주위에서는 아이가 뭘 안다고 물어보냐며 답답해한다.

하지만 내 생각은 다르다.

아이는 엄마가 원하는 학원과 엄마가 바라는 대로 살 권리는 없다.

아이에게도 자유가 있다.

나는 학원을 선택할 때도 아이를 데리고 간다.

물론 내가 나서서 학원 가자고 말한 적은 없다.

아이가 미술학원 가고 싶다고 해서 함께 간 적이 있다.

상담을 몇 군데 받고 나서 아이는 스스로 결정을 했다.

그리고 1년 가까이 다니면서 즐거워했다.

물론 그만둘 때도 본인의 의사를 반영해서 그만두게 되었다.

아이는 엄마의 소유물이 아니다.

최대한 아이를 존중해 주고, 아이 또한 자신의 삶에 스스로 책임질 수 있도록 해야 한다.

공부하지 않으면 학교 공부가 어렵고, 숙제 해 가지 않으면 선생님께 감점 받는다는 걸 아이 스스로 깨닫고 느껴야 한다.

시행착오를 겪으면서 알고 느끼고 배워야 한다.

아이는 엄마 바람대로 자라지 않는다.

엄마는 아이를 지켜봐 주고 다독거려주는 거로 충분하다.

엄마의 욕심을 버리자

최고의 엄마 최고의 부모가 되기 위해 우리는 하루하루 전쟁을 치른다. 집에서든 직장에서든 말이다.

아이의 학원비를 벌기 위해 아르바이트를 하고, 물질적으로 부족함 없이 다 채워주기 위해 부단히 애쓴다.

백화점만 가 봐도 아이들 메이커 중 인기 있는 옷 매장 안에는 엄마들로 북적거린다. 행여나 세일이라도 하는 날에는 북새통을 이루고 말이다.

내 아이에게만은 최고의 것과 가장 좋은 물건으로 엄마의 욕심을 대신 채운다. 학교 입학식 날 아이의 가방을 보고, "저 아이는 좀 잘사나 봐, 엄마가 있는 엄마네…." 라며 소곤거린다.

유치원에 모 교사는 아이가 예쁜 옷을 입고 오면 목 뒤의 메이커를 뒤집어서 본다는 소리도 들린다. 이러다 보니 너도나도 욕심을 부리며 고가의 매장도 불경기가 없는 것처럼 보인다.

사실 나도 어렸을 적을 돌이켜 보면, 예쁜 옷 입고, 좀 있는 척하는 아이들이 인기가 있었던 기억이 있다.

옷도 메이커를 입고, 가방 신발도 메이커, 그것도 모자라서 한 달에 한 번씩 신상이 나오면 척척 입고 오니 말이다. 도시락도 가장 맛있는 베이컨이나, 햄을 싸온 친구들이 인기가 많았다.

왜 우리 엄마는 이렇게 해주지 못할까?

우리 집은 왜 가난한 걸까?

생각하다가 문득 학교에 다녀와 보니 엄마가 병원에 입원했다고 했다. 병문안을 하러 가서 보니 환자복에 야윈 엄마를 보면서 불만을 터트릴 수 없었다.

그때부터 나는 엄마가 살아서 돌아오기만을 바랬다. 아마 병원에서 무서운 소리를 들었던 기억이 난다.

그 후로 다른 집처럼 맛난 소시지가 아니더라도 김치 하나로도 밥 먹을 수 있음에 감사했다. 남들처럼 신상 메이커 옷을 입고 다니지 못해도, 다른 사람이 입은 옷을 보며 대리만족을 했다.

친구들은 학원 다니느라, 과외 다니느라 바쁜 일상을 보냈지만, 나의 경우는 달랐다. 과외 하는 아이들의 성적은 눈앞에서 쑥쑥 올라가는 걸 보면서, 나는 이런 생각이 들었다.

나보다 공부도 못하는데, 돈이 좋긴 좋네.

어렸을 적 그런 생각이 들었으니, 그때 정말 삶의 회의를 느꼈던 아련한 기억들이 난다.

졸업식. 입학식 때 자장면도 못 먹었으니 말이다.

사교육 하나 받지 못하고 학창 시절을 지냈고, 이 악물고 세상을 견디다 보니, 지금도 아이 셋을 키우며 워킹맘으로 산다.

내 친구는 어렸을 때부터 엄마의 사교육의 영향으로 좋은 대학에 들어갔다. 대학 졸업 후 대기업에 입사했지만, 힘들다며 하루하루 엄마만 찾았다.

엄마의 보호 속에서 엄마가 하라는 대로 살다가 직장이라는 곳에 간 순간 얼음이 되었다.

멋진 인생을 살 거 같던 이 친구는 결국 사표를 던졌다. 조금만 힘들어도 견디지 못했고, 무엇보다 엄마의 보호 속에 자라서인지 정신건강이 많이 약했다. 불면증까지 달고 살 정도였으니 말이다.

이야기를 들어보면 그냥 넘길 수 있는 일도, 끙끙 속앓이하며 사표를 던졌다.

그에 반해 나는 기댈 언덕도 비빌 곳도 없었다. 사표를 당장 쓴다는 건 더욱더 엄두도 안 났다. 직장에서 태워도, 싫은 소리를 들어도, 누가 뭐래도 이 악물고 살아야만 했다.

그래서인지 나는 남들보다 정신력이 강한 편이다.

인생 만만하지 않다는 걸 일찍 깨달았다. 그 결과 남들보다 내 인생을 생각하고, 견디는 끈기를 갖게 되었다.

나의 아이들 역시 엄마의 보호 속에서 안전한 화초처럼 키우지 않으려고 한다. 때론 강한 바람이 불어오고, 거센 폭풍우가 오더라도 단단한 정신력으로 버티는 힘을 키워주려고 한다.

세상 절대 만만치 않다.

아이에게 중요한 것을 알려주자

건강을 잃고 나서야 건강했으면 하고

돈을 잃고 나서야 돈을 아낄 걸 하고

가족을 잃고 나서야 잘해줄 걸 하고.

인생을 살다 보니 늘 뒤늦은 후회만 했다.

어릴 적 나는 남들과 다른 환경에 늘 불만이었다.

남들은 하고 싶은 건 다 하고, 먹고 싶은 것도 풍족하게 먹고, 가족 간의 화합도 잘되는데.

우리 집은 늘 아껴야만 했고, 엄마의 병환으로 늘 어두웠다.

대학 때도, 내가 가고 싶은 학과보단 취업이 잘되는 간호학과에 갔다.

물론 어렸을 적 꿈은 의사가 되고 싶었지만, 현실은 달랐다.

친구들은 과외다 학원이다. 늘 바쁘게 살았지만, 나는 혼자서 공부하는 게 전부였다. 그때까지만 해도 왜 공부를 해야 하는지, 왜 친구들이 바쁘게 지내는지 몰랐다.

하루하루 그냥 흘러가는 대로 살았다.

엄마의 병환으로 늘 병원과 집을 오가며 생활했고, 그런 아버지의 뒷모습을 보면서 슬픔을 안고 지냈다.

그렇게 간호학과에 취업해서, 병원에서 아픈 사람들을 돌보는 간호사가 되었지만, 간호사의 생활 또한 고단했다. 3교대에 가장 힘들다는 응급실에서 선배들의 온갖 구박을 받으며 견뎠다.

절친인 언니가 희귀병에 걸려 중환자실에 있을 때는, 내 인생의 가장 큰 회의감이 들었다.

삶과 죽음을 오가는 가족을 보면서 인생을 되돌아봤다.

산다는 게 무엇인지

어떻게 살아야 하는지

병원 꼭대기에 올라가 하늘을 보며 내 인생을 한탄했다.

왜 이렇게 힘드냐고…. 왜 이렇게 아프냐고.

그리고 그때 인생에서 중요한 게 무엇인지 알았다.

흘러가는 시간 속에 내 인생을 한탄할 게 아니라 하루하루 열심히 살아야겠다고 다짐했다.

모든 사람마다 삶의 고비가 있다. 어떤 사람은 그 고비가 삶의 전환점이 되기도 하고, 어떤 사람은 그 고비로 좌절하며 인생을 살기도 한다.

나 또한 삶의 고비를 겪으며 내 인생에서 무엇이 중요한지 알게 되었다. 남과 비교하며 불만만 내뿜었던 내가 이제는 모든 걸 받아들이며 살기로 한 것이다.

그렇게 제2의 인생을 살면서, 힘든 3교대의 간호사로 일하면서 이것저것 배웠다. 아로마 공부를 하러 다녔고, 대체 의학, 사회복지학과에 편입했다.

남들은 3교대가 힘들다고 불만을 토로했지만, 나는 이런 불만조차 사치라 생각했다.

내 삶을 열심히 살아야겠다는 다짐뿐이었으니 말이다. 그러다 보니 자격증만 10개가 넘고, 간호사, 사회복지사, 책 쓰는 작가가 되었다.

육아하면서 나의 아이에게 알려주고 싶은 건 아이도 인생을 열심히 살았으면 하는 바람이다.

공부를 잘하라는 것도 아니고,

1등을 하라는 것도 아니다. 그 순간순간 열심히 살았으면 하는 바람이다.

남과 비교하는 삶이 아닌, 나 자신이 원하는 삶을 잘 살았으면 좋겠다. 자신의 인생 설계를 스스로 해서 열심히 살다 보면 노력의 결과가 나타날 거라고 말이다.

흘러가는 시간 속에 사는 삶이 아닌 나 스스로 능동적으로 움직이는 삶을 살았으면 한다.

나는 아이들이 열심히 자신의 인생을 살도록 가르친다.

요즘 우리 막내는 줄넘기에 푹 빠져있다. 다양한 기술을 배우면서부터 하루에 1시간 이상씩 줄넘기를 한다.

그런 막내를 엄마는 응원한다.

둘째 딸은 요즘 요리에 흥미를 붙였다.

혼자서 가스레인지도 켤 줄 아니, 더욱더 새로운 요리를 하고 싶어 한다. 레시피를 찾아보고 혼자서 새로운 요리도 연구한다.

사실 불에 다칠까 걱정도 되지만, 뭐든 해보기를 바란다.

첫째 아들은 밤늦게까지 책을 본다. 잠이 올 법도 하는데, 내용이 궁금해서 참을 수가 없나 보다. 열심히 독서하도록 지지해 주는 엄마가 되고 싶다.

무조건 공부해라, 1등 하면 뭐 사줄게.

이런 엄마보단 여유를 가지고 자신의 인생에서 중요한 게 뭔지 한 번쯤 생각해 보는 시간을 갖기를 바래본다.

내가 그토록 고민했던 인생에 대해 아이들 역시 고민하고 시행착오를 거치면서 더 단단하게 성장하기 바라본다.

인생, 열심히 살았다.

이런 말을 할 수 있도록 오늘도 최선의 하루를 보내보자.

엄마의 뚜렷한 주관이 행복한 아이를 만든다

요즘 유행하는 명품 가방 하나쯤 있어야지. 어디 제품의 옷이 예쁘더라. 신상 나왔다더라.

이런 소리도 무시하며, 그딴 거 신경 안 쓰는 나였다.

관심을 두더라도 사지 못하는 환경과 들고 다니더라도 나 스스로 위상이 높아진다는 생각이 들지 않았다. 한마디로 나 자신이 잘났다고 생각하지 못 했다.

남들은 명품 백을 들고 다니면 자신감이 생기고, 사람들이 나를 쳐다봐 줄 거로 생각한다지만, 나는 반대로 생각했다.

내가 명품을 들고 다닌다고 한들 누가 나를 쳐다나 봐주겠어? 그냥 깡으로 버티며 사는 게 인생이라 생각한 것이다.

그런 나에게도 아이를 낳고 엄마가 되니, 엄마의 주관은 찾아볼 수가 없었다.

팔랑 귀가 되어 아이에게 이게 좋다더라, 저게 좋다더라, 그런 소리를 들으면 나도 모르게 그래?

당장 저질러 보자. 후회는 나중의 문제라고 생각했다.

한번은 옆집 언니가 교구 게임 수업을 소개해줬다.

어렸을 때 오감 발달을 자극할 수 있어서 하는 아이와 안 하는 아이의 차이가 벌어진다는 것이다.

가격은 100만 원을 훌쩍 넘어갔다. 고민할 틈도 없이 "그래?" 하고 말하며 바로 결재를 했다.

신랑에게는 가격을 속였고, 아이에게 이쯤은 해줘야 한다며 설명했다. 아이를 위해 팔랑 귀가 된 나는, 좋다는 건 무엇이든 해주는 엄마가 된 것이다.

한 달쯤 지나자 아이는 게임 수업도 그다지 흥미를 보이지 않았고, 1년이 지난 후에는 창고에 처박혀 있게 되었다. 그뿐만 아니라, 아이에게 좋다는 아이 용품은 망설이지 않고 바로 샀다.

훗날 나는 깨달았다. 엄마의 줏대 없는 행동이 아이를 망칠 수 있다는 것을.

한번은 동네 친구 집에 가서 책으로 집안 벽면을 가득 채운 걸 보고는 바로 따라 해야겠다고 생각했다. 책이 많아야 아이의 호기심을 자극할 수 있겠다는 생각에서 말이다.

집에 와서 아이에게 좋다는 전집을 서슴없이 샀다.

당시 신랑 혼자 외벌이여서 아껴도 모자랄 판에 하루에 30-40만 원을 책으로 샀다. 그렇게 엄마의 욕심으로 책장까지 사서 책을 가득 채웠다.

훗날 나는 알게 되었다.

아이가 좋아하는 책들은 따로 있다는 것을 말이다. 욕심이 지나치면 부족한 것 못한다는 옛말이 생각났다.

아이에게 중요한 것이 무엇인지?

엄마로서 아이를 어떻게 키워야 하는지?

준비조차 하지 않고, 팔랑귀가 되어 남들 하는 대로 따라 하다 보니 어느 순간 허무함만 남았다. 시행착오 끝에 지금은 내 줏대를 갖고 열심히 살고 있다.

남들 좋다는 학원, 아이를 위해 이 정도는 해줘야지…. 라는 주위 사람들의 이야기에 나는 오늘도 넘어가지 않는다.

아는 지인은 우리 아이들이 학원에 안 다닌 걸 보면서 똑똑한 애들을 왜 방치하냐며 나에게 충고를 한다.

요즘 영어 유치원 나오는 것도 모자라, 엄마들이 어렸을 때부터 영어를 접하는데 우리 아이들은 영어 학원 근처도 가지 않으니 말이다.

공교육에서는 3학년이 되면 영어 교과서를 배운다.

한글이 완성된 후에 영어를 배우는 게 바르다고 생각하는데 다들 어렸을 때부터 열심히 가르친다. 그래서인지 우리 아이는 아직도 발음 기호를 잘 모른다.

6개월만 투자하면 파닉스를 다 떼 주는데 왜 학원을 안 보내냐며 내 지인은 쓴소리를 해댄다.

발음기호 배우면 영어를 잘하나?

아이가 그 수업을 즐거워하나?

요즘 영어 배우면서 배운 영어로 체험도 함께한다면서 무조건 학원으로 보내라며 나를 답답한 엄마라고 표현했다.

아이들이 배운 영어로 요리도 하고, 마트에 가서 실제로 써보기도 한다면서 말이다.

30만 원 가까이 되는 학원비로 90분 동안 영어 수업하고 체험 수업도 하면 좋은 학원인가? 돈이 아까워서이기도 했지만, 효율적인 영어학습법이 무얼까? 고민했다.

그날 나는 제일 쉬운 영어책 한 권을 아이에게 읽어주었다.

아이는 무슨 말인지 잘 몰랐으나 그림을 보고 대충 파악했다.

조금 천천히 가면 어떠냐.

엄마가 영어책 한 권씩 읽어주다 보면 조금씩 알게 되겠지.

남들이 뭐라 하든 내 줏대를 가지고 말이다.

남들처럼 학원에서 영어 단어를 외우고, 딱딱한 문법 공부를 하기를 바라지 않았다. 대신 부지런히 영어책을 빌리기 위해 도서관을 드나들었다.

한번은 도서관 사서가 나를 보며

"아이가 영어를 잘하나 봐요. 영어 원서 책을 많이 빌리시네요…." 라고 이야기했다.

나는 웃으면서 말했다.

"아뇨. 전혀 못 해서 빌려 가는 거예요. 학원을 안 보내서 원서라도 많이 읽어주려고요."

내 줏대가 없었다면 나 역시 좋다는 영어 학원에 보냈을 것이다.

인터넷에 맘 카페에서 보면 온갖 정보들이 무성하다. 학원에 보냈더니 2년 만에 반에서 1등이다. 영어는 엄마가 돈 들인 만큼 하게 되어 있다.

이런 내용만 보면 당장이라도 보내야 할 것 같다. 하지만 아이는 여유롭게 영어 원서를 읽는 게 좋다고 한다.

내 아이가 남들만큼 잘하지 못하더라도, 나는 이 방식을 고집한다. 지금은 남들보다 천천히 가더라도 우리가 원하는 방식대로 가고 싶다.

오늘도 사교육비 대신 영어 원서 책을 주문했다. 팔랑귀를 버렸더니 여유로운 엄마가 되었다.

제2장

독서를 잘하게 하려면

엄마가 책을 가까이 해야 한다

육아하면서 중요한 것이 무엇일까?

엄마의 주관을 가지면서부터 나는 모든 육아서를 다독했다.

결론은 아이는 엄마를 보고 자란다.

많은 내용이 있었지만, 나는 이 말이 마음에 와닿았다.

나는 어떤 엄마가 되어야 할까?

아이의 스케줄을 관리해주는 엄마? 아니면 사교육 시켜주는 엄마?

정답은 No!

나는 아이가 책을 좋아하도록 환경과, 책을 지원해 주는 엄마가 되어야겠다는 결론을 내렸다.

물론 엄마가 아이 앞에서 책을 읽는 모범을 보여줘야 한다고 생각했다. 왜냐하면 아이는 엄마를 보고 자라니깐 말이다.

사실 나는 어렸을 적에 책을 읽을 기회가 없었다. 당시 책도 집에 없었거니와 책의 중요성을 몰랐다.

친구 중 몇몇은 책을 들고 다니며 틈틈이 읽었지만, 그때는 왜 그러는지 몰랐다. 그런 친구들이 나중에 독서대회나 토론 대회에 나가면 으레 상을 받았다. 그때는 친구들이 똑똑하구나, 라며 나와는 거리가 먼 상이라 생각하며 포기했다.

학교에서 내준 숙제나, 학교 공부만 하면 다 된다는 생각이었다. 그러다 보니 남들이 학창 시절에 다 읽었던 유명한 문학이나 판타지 소설을 다 큰 성인이 되어 읽었다.

자연스레 남들 대화 내용에 낄 수도 없었다. 독서의 중요성을 모른 채 성인이 되다 보니, 그냥 나이만 먹은 어른이었다.

누군가가 소설 이야기를 하거나, 감명 깊은 내용의 한 구절을 이야기하면 처음 듣는 내용이었다. 혹시나 창피해서 일부러 아는척 하는 경우도 종종 있었다.

엄마가 되고 나니, 엄마도 공부가 필요하다는 걸 절실히 느꼈다.

공부 중에서도 독서 공부라고 생각했다.

내가 독서 공부를 하지 않았다면 지금도 팔랑귀가 되어 남들 하는 대로 좇아갔을 것이다.

책을 읽다 보니 나는 내 뚜렷한 주관을 갖게 되었고, 살면서 중요한 게 무엇인지도 배우게 되었다.

육아하면서 틈틈이, 또는 새벽 일찍 나는 독서를 했고, 그 결과 지금 독서 달력에 표시된 책만 해도 몇백 권이 된다.

내가 책을 손에 놓지 않자, 아이도 자연스레 책과 친구가 되었다. 만약 집에서 텔레비전, 스마트 폰만 봤더라면 어땠을까?

식당에 가면 아이들이 온통 스마트 폰을 들고 있다. 사실 엄마가 좀 더 편하게 먹기 위해서는 잠시 보여줄 수밖에 없는 건 이해한다.

하지만, 잠시 편하기 위해 아이는 신세계의 맛이라도 본 듯 스마트 폰에 의존한다.

내 친구 중 한 명은, 육아가 너무 힘들다고 토로했다.

식당에서든, 공공장소에서 스마트 폰을 잠시 보여줬더니, 집에 와서도 스마트 폰만 찾으며 운다고 한다.

엄마도 잠시 보여준 거라며 달래보지만, 아이의 고집을 꺾기가 힘들다고 한다. 자신도 잠시라도 숨을 쉬기 위해 밥 먹을 시간에 보여줬더니, 지금은 으레 것 틀어달라는 것이다.

이런 이야기를 듣다 보면 세상의 모든 엄마는 밥도 제대로 못 먹는다는 생각에 가슴 한구석이 아팠다. 물론 나 역시 싱크대 앞에서 서서 밥을 먹고, 아이가 남은 밥으로 허기를 채운 적이 한두 번이 아니었기 때문이다.

외식하는 날에는 밥을 코로 먹었는지, 입으로 먹었는지 알 수 없었기에 외식조차 하지 않았던 날들이었다.

아이들은 이런 엄마의 마음을 아는지 모르는지, 집에 와서도 아까 보여줬던 걸 찾으며 엄마를 졸라댄다.

친구 역시, 아이의 이런 고집을 꺾지 못하기에 집에 와서도 스마트 폰을 보여줄 수밖에 없다는 것이다.

누군가의 잘잘못을 따지기보단, 아이에게 스마트 폰보다 더 즐거운 것을 보여줄 필요가 있다.

책을 읽으면서도 딱딱하게 재미없게 읽어주면 아이는 금방 딴짓을 한다. 엄마가 할머니 목소리도 호랑이 목소리도 내며 온갖 오버를 해야 아이는 스마트폰을 보다가 엄마가 읽어주는 책이 더 재미있다는 걸 알게 된다.

어느 날은 아이의 책을 읽어주다 보면, 목소리도 쉬고 기운도 빠진다. 온갖 제스처를 해가며 흉내 내다보니 모든 에너지가 방전된 것이다.

아이에게 엄마가 읽어주는 책이 제일 재미있다는 말을 듣기 위해서 최선을 다한다.

나 역시, 하루에 3권 이상 책 읽어주기가 계획표에 포함되어 있다.

아이들을 위해 온종일 집안일 하랴, 직장인 하랴, 하다 보면 책을 읽어줄 시간은 턱없이 부족하다.

하지만 책 읽어주기는 꼭 지키려고 노력한다. 그런 덕분에 엄마가 책 읽어 줄게, 라고 말하면 아이는 너무 신난다는 표정을 짓는다.

이런 모습을 보면서 나는 더 오버하며 읽는다.

조금씩 한글을 알기 시작할 때는 "엄마가 5장 읽고 네가 1장 읽자." 라고 말하며 자연스레 한글도 떼기 시작했다.

남들처럼 학습지 선생님이나, 학원을 보내지 않아도 되는 이유다.

여행을 가거나 밖에 나갈 때도 늘 책을 가지고 간다.

내 책뿐 아니라 아이의 책도 함께 챙겨간다.

심심할 수 있는 시간, 아무것도 할 것이 없는 시간에 책을 읽는다. 누워서도, 의자에 앉아서도, 바닷가에서도, 카페에서도 책을 본다. 처음에는 열심히 놀던 아이도 어느덧 엄마 옆에서 자연스레 책을 본다.

집에서도 책꽂이에 있는 책뿐 아니라, 아이의 방에도, 화장실에도, 식탁에도 꼭 책을 놓아둔다.

어디서든지 쉽게 볼 수 있도록 말이다.

한번은 아이가 책에서 베트남이라는 나라를 봤다며, 가보고 싶다고 이야기했다. 해외여행은 신혼여행 이후로 한 번도 가본 적이 없던 터라, 큰맘 먹고 가기로 했다.

아이들과 함께 계획을 세우고 환전도 하고 유명한 유적지도 책을 통해 찾아봤다. 책을 읽던 아이는 베트남은 비가 많이 온다. 시원한 모자를 쓴다. 자전거를 타고 다닌다. 쌀국수가 유명하대 라며 자연스레 정보를 습득했다.

9박 10일 동안 우리는 직장도 학교도 빠지고 베트남 곳곳을 여행했다.

책에서 봤던 유적지를 눈앞에서 보기도 했고 이층 버스를 14시간 동안 타고 다른 지역으로 이동하기도 했다.

베트남에서 유명하다는 음식을 직접 맛보고 우리나라 쌀과 베트남 쌀이 다르다는 것도 알게 되었다.

아이들은 책에서 봤던 정보들을 술술 풀어냈다.

몇 년이 지난 지금도 아이들은 베트남 여행 이야기를 꺼낸다.

10일 동안 우리는 베트남에서 많은 걸 경험하고 배웠다.

더 놀라운 건 책에서 배운 지식을 미리 공부하고 갔더니 더 쉽게 이해를 했다는 거였다.

책을 보고, 직접 눈으로 보고 경험해 보는 지식은 지금도 아이에게 소중한 추억으로 자리 잡고 있다.

오늘은 한 번도 가보지 못한 유럽 나라들에 대한 책을 펼쳤다.

아이들은 감탄사를 연발하면서 여행을 가자고 난리다. 직접 가보지는 못하더라도 책을 통해 아이는 다른 나라의 문화나, 역사에 대해 자연스레 공부했다.

엄마가 직접 나서서 설명해 주지 않더라도 아이는 옆에서 엄마가 읽은 책을 따라 읽기도 하고 호기심에 몇 줄 읽는다.

엄마가 할 일은 책을 펼쳐서 읽는 모습을 보여주기만 하면 된다.

아이는 엄마 모습을 보고 그대로 따라 하게 된다.

이게 진정한 살아있는 교육이 아닐까?

궁금하면 내가 제일 먼저 하는 말은 책에서 찾아봐…. 이 말이다.

최근에 우리 아이들은 달팽이를 분양받아서 키우는 중이다.

달팽이가 먹는 건 뭐지? 달팽이집은 어떻게 만들어야 하지?

나는 자연관찰 책 찾아봐.

아이들은 그렇게 책을 보며 달팽이집도 만들어주고 먹이도 주며 관찰했다. 지금도 정성껏 달팽이집을 청소해주고 열심히 보살펴 주고 있다.

어떤 날은 파 뿌리를 물에 담가보고, 어떤 날은 콩나물을 키워보기도 한다.

이게 진정한 교육 아닐까?

책 한 권 읽지 않는 엄마는 무식하다

주위를 보면 꼭 이런 사람들이 있다.

요즘 같은 정보화 시대에 무슨 책이냐고?

유튜브나 SNS를 볼 시간도 부족하다고 말이다.

지하철이나 버스를 타보면 모두 고개 숙이고 있는 모습을 쉽게 볼 수 있다.

스마트폰을 보느라 고개를 들 겨를이 없다. 하긴 내가 작가가 되어야겠다며 책을 썼을 때, 몇몇은 이런 말을 했다.

"요즘 출판사 시장도 안 좋다던데. 책을 누가 사보기는 하겠어?

책은 아무나 쓰는 게 아니야."

"유명 작가 되는 건 하늘의 별 따기야."

"무슨 책이야?"

"나이 먹은 사람은 눈도 안 보이는데…. 누가 책을 봐?"

등등의 반응이다.

평범한 직장인으로 사는 게 싫어서, 그렇게 살다가 인생을 마감한다면 허무할 거 같아서, 제2의 꿈인 작가가 되기 위해 노력하는데.

주위에서 부정적인 반응이었다.

그렇게 책을 읽고 또 읽기를 반복하고, 글쓰기 연습을 하면서 드디어 내 책이 출간되었다. 사실 직장을 다니면서 책을 쓴다는 건 쉬운 일은 아니었다.

아이 셋 돌보랴, 일하랴, 집안일 하랴, 신랑 내조하랴, 몸이 열 개여도 모자랐다.

그런 나에게도 평범함을 거부했기에 도전했다.

늘 나 자신에게 질문했다.

무엇이 되고 싶은지…. 어떤 사람이 되고 싶은지.

책이 출간되었을 때, 사실 너무 기뻤다.

부정적인 반응을 보인 사람의 코를 납작하게 해줄 수 있다는 생각에서였다.

남이 잘되는 꼴을 못 보는 사람은 꼭 있기 마련이기 때문이다.

같은 병원에서 일하는 동료 의사도 의외의 반응을 보였다.

출간했다고?

운이 좋은 건가? 라는 식의 반응을 보였다.

그래서인지, 속으로 두고 봐…. 라고 몇 번을 외쳤다. 사실 성공이라는 단어를 되새기며, 견디고 버텼다.

그렇게 책이 출간되고 나면 성공이라도 할 수 있을 꺼라 생각했으니 말이다. 기대와 달리, 성공하지는 못했지만, 나는 책으로 성장하며 살고 있다. 내가 힘들 때마다, 아니 외로울 때마다 책이 내 친구가 되어 주었으니 말이다.

지금도 내 책을 한 권씩 선물하면 ,너무 고마워하는 사람도 있지만, 책을 한 번도 읽어 본 적이 없다는 사람도 있다.

스스로 자신이 무식하다는 걸 입증이라도 하듯 말이다. 아니면, 책을 잘 썼느니 못 썼느니 평가만 장황하게 하는 꼴불견도 있다.

자신은 책 한 권도 제대로 읽어 보지 않았으면서 말이다. 아니면 자신의 느낌조차 쓰지도 못하면서 말이다. 아이가 책을 좋아하고 공부를 잘 하기를 바란다면, 엄마가 책을 읽어야만 한다.

이 핑계 저 핑계 대며 책도 안 보는데 누구에게 무엇을 바란단 말인가?

대부분의 엄마는 아이 유치원, 학교 가고 나면 하루가 바쁘다.

집안일 하랴, 간식 만들랴, 식사 준비하랴…. 그리고…. 텔레비전도 보랴…. 모임도 다니랴.

시간을 쓸데없는 곳에 소비하고 싶은가?

무조건 바쁘게만 살 것인가?

어떻게 살아야 할지 자신의 인생을 잘 설계해야 한다.

사람마다 책보다 더 중요한 우선순위가 있을 수는 있다.

다만, 책보다 못한 우선순위는 쓸모가 없다.
텔레비전, 스마트폰은 보는 그때만 재밌다.
나는 드라마를 안 보는 이유 중 하나가 한번 보면 끝까지 봐야 하기 때문이다.
수다도 떨다 보면 그때 순간은 엄청 재미있다.
다 떨고 돌아오면 내가 왜 이런 말을 했지?
설마 내 이야기 하는 거 아냐?
이런 괜한 걱정이 된다.
이럴 시간에 책이나 봤다면
배울 점, 감동, 교훈을 얻었을 텐데 말이다.

누구나 유식한 엄마, 교양 있는 엄마가 되고 싶을 것이다.
아이에게 존경받는 엄마가 되고 싶은 게 내 소망이기도 하다.
한번은 아이가 나에게 엄마는 책벌레네.
라고 말하면서 엄마가 책보니까 나도 책 봐야지…. 라고 이야기했다.
아이에게 모범이 된다면.
존중받을 수만 있다면.
내가 교양 있는 엄마가 된다면.
더 바랄 것이 없다.
가장 좋은 것은 아이와 서점 나들이를 하러 가서 자신에게 맞는 책을 고르는 게 최고이다.
만약 상황이 여의치 않다면 도서관을 이용하는 것도 괜찮다.

나는 개인적으로 책을 사서 보면서, 연필로 밑줄을 그으면서 본다.
그리고 마지막으로 노트에 필기하며 다시 한 번 읽는다. 가볍게 읽을 수 있는 책들은 도서관에서 대여하면 된다.
아이들과 주말에 도서관에 나들이 가는 것도 정말 추천하고 싶다. 도서관에서 아이의 책도 읽어주고, 내 책도 볼 수 있는 환경이 너무 좋다.

한번은 친구가 자기 집에는 책이 한 권도 없다며, 아이가 책에 관심이 없다고 했다. 학원은 서너 군데 보내면서 책 한 권 사주지 않는 엄마다.
책을 사달라고 하지 않더라도, 엄마가 적극적으로 서점을 데리고 가거나 도서관을 데리고 가면 어떨까?
엄마가 집에서 먼저 책을 본다면 어떨까?
나의 경우도 어렸을 적에 집에 책이 없었기에 몰랐다.
독서의 중요성을 말이다.
이제야 성인이 돼서 독서를 했다면 내 견문이 많이 넓어졌을 텐데.
세상을 좀 더 다른 시선으로 바라봤을 텐데.
외로움에 좀 더 강하게 견뎠을 텐데.
라는 후회가 남는다.
지금도 늦지 않았기에 뒤늦게 독서와 글쓰기를 병행하고 있다.
훗날 내 인생이 바뀔 수 있다고 생각하면서 말이다.
오늘도 나는 유식한 엄마다.
책을 읽는 멋진 여자이고 싶다.

아이를 위해 책을 읽어주는 엄마가 되자

일부러 시간을 내서 책을 읽어주어야 아이도 책을 좋아하게 된다. 한글을 다 떼고 나면 으레 엄마들은 잔소리한다.

"네가 읽어. 책 좀 봐라."

아이들은 엄마들이 읽어주는 책을 좋아한다.

엄마의 목소리를 듣고 그림을 보면서 상상의 나래를 펼친다.

이 그림 속의 주인공이 나라면 어떻게 하면 했을까?

내가 이 사람이었다면 어땠을까?

엄마의 목소리를 듣고 그림을 보면서 생각을 할 수 있다.

그런데 대부분의 엄마는 논술이다, 토론 수업이다, 학원으로 보낸다.

학원에 보내면 엄마의 책임이 다 끝난 것처럼 말이다.

내 주위의 엄마들도 아이들 그룹으로 논술 수업을 함께 하자고 제의했다.

책도 읽고 선생님들과 열띤 토론도 하다 보니 아이의 생각이 커진다고 했다. 얼떨결에 상담을 받아봤지만, 나는 내 스타일이 있었기에 과감히 하지 않았다. 친구들 사이에서 우리 아이만 빠지다 보니 왠지 소외감도 들었다.

그렇게 아이 셋을 3년 넘게 책을 읽어 줬다.

남들이 좋다는 학원에서 토론하고 글쓰기를 하는 수업 대신 소파에 기대어, 침대에 누워서 책을 읽어줬다.

때론 커피숍도 가고, 벤치에 앉아서도 읽어줬다.

네가 어린 왕자라면 어땠을까?

그러면 아이도 엄마는 어땠을 것 같아?

자연스레 이야기한다.

그렇게 초등학교 고학년이 돼서 보니, 학원 다닌 아이들보다 책도 좋아하고, 책과 친한 친구가 되었다.

억지로 엄마 손에 끌려서 가는 학원은 당장 성적은 올라갈지 모르지만, 장기적으로 보면 책과 친해질 기회가 없다. 그러면서 책을 안 좋아한다. 책만 보면 딴짓을 한다고 이야기한다.

모든 일이 그렇듯 엄마가 아무 노력도 하지 않고 아이에게 잔소리하면 아이는 금방 싫증을 느낀다.

책을 좋아하려고 하다가도, 더 안 보게 된다는 것이다.

늘 부족하듯 아이에게 목마름을 느끼도록 해줘야 한다.

아이를 위해 책을 사는 건 아낌없이 지원하지만, 아이가 책과 가까워지도록 엄마도 호기심을 자극해 줘야 한다.

나의 경우에는 아이 어렸을 때부터 도서관을 내 집 드나들 듯 다녔다.

주말에는 서점에 가서 맛있는 것도 먹고 책도 샀다.

처음에는 안 간다던 아이도 호랑이가 새끼를 낳을까? 호랑이는 무엇을 먹을까? 알을 낳는 동물이 무얼까?

우리 서점 가서 찾아볼까?

끊임없이 질문하고 호기심을 자극했다.

그리고 아이가 한글에 관심 있을 때 책에 있는 책 제목으로 가르쳤다.

토끼의 재판이라는 책 찾아오면 엄마가 읽어줄게.

호랑이 책 찾아와봐.

설령 혼자 다 읽을 수 있는 나이가 되었더라도, 일부러 시간을 내서 책을 읽어 줬다.

엄마의 목소리, 아빠의 목소리로 읽고 듣는다면, 자연스레 느끼는 감정도 배가 될 거로 생각했다.

요즘은 듣는 책이 많이 나와서 틀어주는 경우도 많다.

나쁜 방법은 아니지만, 이왕이면 엄마, 아빠가 읽어주는 것이 최고라 생각한다. 그러면서 아이와의 친밀도도 높아지고, 아이도 머리로 상상의 나래를 펼칠 수 있을 것이다.

2~3시간 책을 읽어주다 보면 목소리도 쉬고, 눈도 스르르 감긴다.

그래도 아이는 2~3시간의 집중력을 보이며, 즐거웠다고 말한다.

엄마의 노력으로 아이는 책과 가까워지고 친구가 된 것이다.

우리 동네에는 집중력과 학습력을 높이는 학원이 인기를 끌고 있다.

무료로 테스트를 해준다고 해서, 한번 방문을 했다.

책 수준을 쉬운 것부터 점점 높은 것으로 올려 준다고 했다.

책을 싫어하는 아이도 자기 학원에 다니면, 자연스레 좋아진다고 말이다.

수능을 쳐야 하는데 지문 500자를 2~3분 안에 읽기 위해서는 훈련을 받지 않으면 안 된다고 했다.

그럴듯한 설명과 근거를 들여 이야기했다.

우리 아이의 테스트 결과는 괜찮지만, 지문 읽는 속도가 느리다고 했다. 그러면 수능 시험에서도 아는 문제도 틀린다고 한다.

수능 시험을 잘 보기 위해서는 학원 등록을 해야 맞지만, 나는 인사만 하고 나왔다.

아이가 느끼고 생각할 틈 없이 문제 맞히기에 훈련을 해야 하다니…. 씁쓸했다.

같이 방문한 동네의 엄마는 지금도 그 학원을 보낸다.

처음에는 쉬운 책만 읽었는데 3개월 동안 학원을 보냈더니 더 긴 책도 읽는다며 만족해한다. 무엇이 맞는지 정답은 없지만, 나의 경우는 생각이 달랐다.

아이에게 책은 친구라고 생각하면 된다.

짧은 책을 보든 긴 책을 보든 그건 중요한 문제가 아니다.

긴 책을 본다고 잘한 것이고, 짧은 책을 본다고 못한다는 건 말도 안 된다.

오로지 엄마들의 걱정은 남들은 280페이지 넘는 책을 읽는다는데, 우리 아이는 120페이지 정도 책만 본다며 걱정한다.

내 아이는 120페이지를 읽으면서 상상의 나래를 펼쳤을 텐데 말이다. 사실 어른인 나도 두껍고 긴 지문의 책보다 짧은 책을 좋아한다.

머리가 복잡한 날에는 짧은 에세이를 보기도 한다.

그러면서 좋은 글귀가 있으면 기록을 해놓는다.

긴 책은 몇 날 며칠을 보다가 무슨 말인지 몰라 포기한 적도 있다.

내 수준에 맞는, 내가 좋아하는 책을 봐야 독서가 즐겁다.

남이 읽는다고, 남에 맞춰서 보다 보면 스트레스가 된다.

아이들도 마찬가지다.

엄마가 읽으라고, 엄마가 남들은 이렇게 보는데 너는 왜 못 보냐고 하면 아이는 스트레스가 된다.

아이에게 그림책을 보여주고, 엄마랑 한 줄씩 번갈아 가며 읽는다면 아이는 독서가 즐거울 수밖에 없다.

아이를 위해 한 번씩 책을 읽어주는 엄마가 되어보자.

정보가 넘쳐나는 시대라지만, 정보만 가지고는 내 아이를 잘 키울 수 없다.

내 아이를 가장 잘 아는 사람은 바로 엄마다.

엄마의 사랑으로 엄마의 다정한 목소리로 아이들은 자란다.

정보를 얻기 위해 이쪽저쪽 분주하게 돌아다니기보단 한 권의 책이라도 엄마가 정성스럽게 읽어주면 어떨까?

아마 이게 더 값진 시간이 될 것이다.

책을 읽는 가족, 책을 읽는 시간, 생각만 해도 뿌듯하지 않은가?

독서 시간을 정하자

대부분 사람은 뭐든 해야지, 해야지 생각만 하면서도 작심삼일을 넘기지 못한다.

운동이든 공부든 말이다.

며칠은 열심히 하다가도 일이 생기면 온갖 핑계를 대며 미룬다.

처음 다짐은 어디론가 사라져 버린다.

나의 경우도 오늘은 기분이 안 좋아서, 약속이 있어서, 피곤해서 등 이유를 댔다. 중요하다는 인식을 하면서도 미루는 습관이 있었던 거다.

며칠이 지난 후 책 산 걸 기억한 적도 있다.

그래서 나는 독서를 하루 중 우선순위 1위로 정했다. 무조건 아침 일찍 일어나거나, 퇴근하거나, 밤에 잠이 안 오거나 하면 책 먼저 집어 들었다.

아이가 태어나고 나서는 사실 이것도 쉽지 않았다.

틈틈이 아이 책 읽어주느라 내 책은 뒷전이었기 때문이다.

아이가 혼자서 책 읽을 정도가 되자, 나는 독서 시간을 정했다.

물론 내 책은 틈틈이 자투리 시간에 읽으면 되었지만, 아이와 함께 책을 읽는 시간도 필요했다.

아이들에게 엄마가 독서 할 시간이니, 너희들도 책을 읽자는 신호를 주는 것이다.

아이에게는 책 읽어라. 잔소리 하고 엄마는 딴짓을 하면 안 된다.

아이도 생각이 있고, 눈에 보이는 게 있기 때문에 엄마가 먼저 읽어야 한다.

아이에게 책 읽어주는 시간도 필요하고, 엄마가 스스로 책도 읽어야 한다. 무엇보다 중요한 건 독서 시간을 만들어서 함께 책을 읽는 시간이 중요하다.

우리 집의 경우는 저녁 먹은 후 8시부터 9시까지는 독서를 한다.

이 시간만큼은 자기가 스스로 책을 읽는다.

물론 조용하게 읽으면 좋겠지만, 막내가 아직 한글을 몰라서 물어보기도 한다.

하지만 큰 아이들은 책 읽는 습관이 자리 잡혔다.

이 시간이 내가 가장 좋아하는 시간이기도 하다.

시간을 정하지 않고 자신이 읽고 싶은 시간에 자율적으로 읽어도 상관없다. 다만, 독서 시간을 정하는 이유는 규칙적으로 습관화하기 위함이

켰다.

그뿐만 아니라 일주일에 주말 중 하루는 도서관에 간다.

한 곳만 가는 것이 아니라 곳곳을 돌아다닌다. 그러다 보니 분기마다 도서관에서 전화가 온다.

책 많이 읽는 가족이라며 작은 선물을 준다.

쑥스럽기는 하지만, 아이들에게는 동기 부여가 된다.

대출할 때마다 사서는 웃음을 짓는다.

자주 드나들다 보니 친근감이 있기 때문이다.

도서관마다 특징이 다 다르다. 어떤 곳은 어린이 책이 많은 곳도 있고, 책 읽기 좋은 환경이 있는 곳도 있다. 도서관에서 하루를 보내고 나면 왠지 모르게 뿌듯하다.

아이들도 저마다 읽은 책 내용을 이야기하며 재밌었다고 한다.

최근에 간 도서관중 우리 집에서 30분 정도 떨어진 거리인데, 기억에 남는다.

그곳은 도서관의 규모가 커서인지, 구내식당도 있었다. 식당 안에는 음식점처럼 종류별로 음식을 팔았다. 김치볶음밥, 비빔밥, 돈가스, 등등.

그날도 어김없이 책을 읽고 점심때쯤 배를 채우기 위해 집에서 싸 온 간식을 들고 갔다.

아이들은 구내식당에 들어서자마자 엄마가 싸 온 거 말고, 저 언니가 먹고 있는 김치볶음밥 사달라며 졸라댔다.

김치볶음밥에 달걀 후라이까지 얹혀 있어서 그야말로 맛있어 보인 것이다. 그 옆을 보니 다른 언니가 돈가스를 먹고 있었다.

돈가스도 먹고 싶다고 해서, 바로 돈가스도 시켰다.

가격도 착해서 부담이 없었다.

그렇게 점심을 챙겨 먹고 오후 독서를 시작했더니, 아이들이 이곳 도서관이 최고라며 주말마다 가자고 조른다. 밥도 먹고, 독서도 할 수 있는 이곳이야말로 금상첨화라는 말이 어울릴 정도다.

책을 읽는 시간, 책을 읽는 날이 생긴 뒤로 우리 집은 주말이면 도서관 여행으로 계획을 세운다.

어디 도서관을 가볼까? 고민에 빠진다.

동네 도서관도 좋지만, 때론 멀리 시내까지 나가보기도 하고, 서점도 들러서 온종일 시간을 보낸다.

요즘 서점은 어찌나 잘되어 있던지, 앉아서 책 읽고 있으면 시간 가는 줄 모른다.

책 읽는 공간도 카페처럼 되어 있어서 너무나도 좋다. 이런 시간이 있기에 살면서 힘들고 외로운 시간을 잘 견뎌냈을지도 모른다.

힘든 시간에 술을 마시고 사람을 찾고, 음주·가무를 했다면 오래 견디지 못했을 것이다. 그 순간은 기쁘고 즐거울지 모르나, 시간이 지나면 허무함만 남을 꺼라 생각해서다.

나의 아이들 역시 앞으로 살아가면서 힘든 순간이나 슬픈 순간이 오더라도, 현명하게 극복 할 수 있는 힘을 실어주고 싶다. 그래서 나는 아이들에게 많은 경험을 책에서 얻도록 도와주고 싶다.

한번은 도서관에 갔더니 아이들을 위한 의자와 책상이 너무 맘에 들었다.

누워서 볼 수 있도록, 등만 기댈 수 있도록, 다양하게 꾸며졌다.

아이들 또한 그런 공간에서 책을 보니, 편하다며 좋아했다.

똑비로 앉아서 보면 좋겠지만, 어른인 우리도 오래 앉아 있으면 어느덧 허리에 무리가 간다.

아이들도 보다가 앉아서, 또는 누워서 보는 것도 괜찮다고 생각한다.

우리 집에는 2층 침대가 있는데, 아들이 2층에서 자고 1층은 비어 있다. 그 공간이 아까워서 쿠션도 놓고 푹신한 의자를 놓아두었더니, 아들은 자신만의 공간으로 만들었다.

자신이 아끼는 피겨도 놓고, 레고도 한쪽으로 전시하며 그곳에서 책을 보았다.

내가 아는 지인의 집은 독서 시간을 아침으로 정했다.

아침 일찍 아이들이 일어나서 아침 먹기 전까지 책을 본다는 것이다. 정말 부지런하다며 내가 박수를 보냈다.

아침 일찍 하루를 여는 가족이야말로, 성공하는 가족이라 생각한다.

자명종 소리에 억지로 일어나서 아이들이 학교에 간다거나, 공부한다면 뭐가 재밌겠는가?

아이들을 일찍 재우고 일찍 일어나는 습관이 몸에 배게 한다면 자연스레 공부도 잘 하지 않을까?

우리 집은 밤 9시 30분이 취침 시간이다.

하루를 일찍 시작하는 습관을 만들기 위해 일찍 잠자리에 든다.

엄마가 어떻게 하루를 여느냐에 따라 아이의 하루도 결정된다.

나는 새벽 5시에 일어나 독서하고 책을 쓰는 것으로 하루를 시작한다.

아이들이 일어나기 전에 책을 써야 했기 때문이다.

앞으로는 아이들과 일찍 일어나서 책도 읽고 같이 책을 쓴다면 어떨까?

생각만 해도 뿌듯하다.

내 가족에게 맞는 독서 시간을 정해서 실천해 보자.

독서를 하는 가족이 되는 것처럼 멋진 일은 없을 것이다.

나에게 맞는 시간에 집중하자

한때 아침형 인간이 유행했다.

아침에 일어나서 시작하는 사람이 성공할 확률이 높다는 것이다. 물론 틀린 말은 아니지만, 아침에 일찍 일어나기 위해서는 저녁에 일찍 잠들어야 한다.

늦게 잠들면 그날 아침 일찍 일어났어도, 하루를 피곤하게 보내게 된다.

아는 지인은 아침형 인간이 되어야겠다며 굳게 선언했다.

저녁 9시에 취침하고 새벽 5시에 일어나기로 한 것이다.

평상시에는 자정이 지나서야 잠이 들다가 아침형 인간을 선언한 후부터 달라지기로 한 것이다.

쉽게 잠이 오지 않아도 9시에 자려고 노력했다고 한다. 어떻게든 아침형 인간이 되어야겠다고 노력한 케이스다.

하지만 몇 달 후 아침형 인간을 포기했다고 했다. 새벽 5시에 일어나긴 했으나, 하루가 너무 힘들다는 것이다.

새벽 독서까지는 어떻게든 했는데, 회사에 출근하면 졸려서 연신 하품만 나온다고 했다. 집중력도 떨어져서, 일의 진행 속도도 느리다고 한다.

오히려 전처럼 밤에 독서하고 늦게 잠들 때가 하루를 더 잘 보낼 수 있었다는 것이다.

남들이 좋다고 하더라도 다 나와 맞지는 않는다. 우리 신랑도 아침에 일찍 일어나서 영어 공부를 하겠다고 선언했다.

그렇게 2개월이 지나자, 아침에 일어나기가 너무 벅차다며 포기했다.

수면 부족으로 직장 가서도 머리가 멍하다는 이유에서다.

사람마다 맞는 시간대가 있다.

나의 경우는 새벽 5시에 일어나서 글쓰기를 했다. 나는 새벽 시간이 좋은 이유는 아무런 방해를 받지 않기 때문이다.

밖에는 해가 떠오르려고 어둠이 지나가는 대지가 좋았고, 무엇보다 아이들이 자는 시간이다.

조용한 침묵 속에서 글을 쓰며 타자 소리를 듣고 있으면, 왠지 하루의 시작을 알차게 한 느낌이다.

대신 저녁에 술을 마신다거나, 늦은 귀가 등을 하지 않았다. 일찍 자는 대신 일찍 일어나게 된 것이다.

여기에 중요한 건 숙면이다. 잠을 깊이 잔 날은 5시간만 자도 하루가 가뿐했고, 잠을 깊이 자지 않는 날은 하루가 힘들었다.

잠을 깊이 자기 위해서는 직장 일이나 고민 등을 잠시 접어두었다. 사실 가장 쉽지 않은 일이었지만, 나를 위해서 그렇게 했다.

회사에서의 고민, 사소한 고민, 인간관계 고민, 업무 고민 등 무수한 고민이 맴돈다.

하지만 집에 와서는 모든 걸 잊어버린다. 누가 뭐라 하든, 내 귀에 안 들리면 그만이라는 식으로 산다. 그렇지 않으면 삶이 피곤하고 피폐해진다. 또한, 잠을 깊이 자기도 어렵다.

어려운 업무 등도 잠시 접어두고, 인간관계도 나와 다른 사람이라 정의한다.

경제적인 문제도 해결되지 않는 한 고민할 필요는 없다고 생각한다. 이렇게 되기까지 몇 년의 시간을 책을 통해 배웠다.

내가 고민한다고 해결될 문제도 없고, 오해가 풀리지도 않는다.

남이 알아주지 않는다고, 억울하다고 해도 어쩔 수 없다.

그냥 마음을 비우는 게 최고다. 그게 안 된다면 회사 일은 회사, 집안일은 집, 육아는 육아 이렇게 나눠서 그 시간에만 충실하면 된다. 집에서 회사일 생각하고, 육아 생각하면 이것도 저것도 안 된다.

또 다른 작가 친구는 야행성이다. 이 친구는 직장을 끝내고 커피숍으로 바로 간다. 아메리카노와 간단한 빵으로 허기를 달랜다.

그렇게 글쓰기를 하고 집에 와서 원고를 정리한다.

밤 12시 넘어서야 잠이 든다.

자신이 가장 집중하는 시간은 9시부터 12시 사이라고 한다.

사람마다 이렇듯 집중하는 시간은 다 다르다.

누가 옳은지, 뭐가 맞는지 따질 문제는 아니다.

다만 자신에게 맞는 시간에 집중하는 게 최고다.

남들 3시간 공부할 것을 1시간에 끝내는 것은 집중력 덕분이다.

나의 경우도 집중력의 중요성을 매번 느꼈다.

바쁘다 보니 남들보다 책 읽을 시간도 부족하고, 글 쓰는 시간도 부족하다.

집중력을 발휘해 보니 짧은 시간에도 글을 많이 쓸 수가 있다.

책 역시 집중해서 읽다 보면 어느 날은 하루에 한 권도 읽어진다.

물론 집중하는 시간이 길면 좋겠지만, 그러지 못하는 경우도 있다.

아이들이 뭐 해달라고 요구하거나, 책 읽어달라고 하는 경우는 흐름이 끊긴다. 그럴 때는 과감히 한 개를 버리고 한 개에 올인한다.

이것 하고 저것하고 동시에 했더니 이것도 저것도 안 되는 경우가 많았다. 중요한 한 가지를 하는 것, 그리고 집중해서 하는 것, 이게 참 중요하다고 느꼈다.

나 역시도 내 욕심에 이것저것 했더니 얕은 지식만 쌓게 되는 경우도 많았다.

한때는 간호사로 일하며 내 욕심에 사회복지사 공부도 하고, 인성 지도사도, 보육교사, 아로마테라피스트, 요양 보호사 등 닥치는 대로 자격증에 열을 올렸다. 남들이 좋다는 자격증 취득에 열을 올리다 보니 어느 순간 이것도 저것도 아닌 게 되어 버렸다.

지금은 책 쓰기를 통해 나의 전문성을 개척하는 중이다.

무슨 일이든 한 분야의 우물을 파서 그 분야의 전문성…. 남들이 넘보지 못할…. 그 정도가 되려고 노력 중이다.

한번은 아이가 아파서 소아청소년과에 갔다. 간호사가 수액을 놓는데, 유독 한 명 간호사에게만 놔달라며 줄 서 있었다.

간호사는 3명인데 왜 이 간호사만 찾을까?

우리 아이는 혈관이 좋지 않아 몇 번씩 주삿바늘을 찔러야만 했다. 이 간호사는 아이의 혈관을 보자마자 자신 있게 찔렀고, 결과는 성공이다. 그때 나는 왜 이 간호사를 찾는지 알 수 있었다.

이 간호사는 남들이 넘보지 못할 전문성을 갖고 있다. 여기까지 올라서기까지 아마도 많은 눈물과 땀을 흘렸을 테다. 그 결과 혈관을 최고 잘 찾는 간호사로 명성을 얻게 된 것이다.

나 역시 한 분야에서 최고가 되기 위해 부단히 인내해야겠다.

노력 없이 이루어지는 것은 아무것도 없을테니.

제3장

집안 환경, 중요하다

엄마의 잔소리를 줄이자

옛말에 집안 환경을 보고 결혼해야 한다는 말이 있다. 친구들도 이왕이면 좋은 환경에서 자란 아이들과 사귀라고 말한다. 물론 좋은 환경에서 잘 자라야 아이의 인성도 반듯하다는 걸 부정하고 싶지는 않다. 머리 좋은 집안에서 자라야 아이들도 똑똑할 가능성이 크다면서 말이다.

하지만, 환경은 우리가 선택할 수 있는 상황이 아니다. 태어나서 부유하고 멋진 직업을 가진 부모님을 만나고 싶어도, 내가 선택할 수는 없다.

부모들이 자녀들을 키우면서 사업이 망할 수도 있고, 사이가 안 좋아질 수도 있다. 부유한 환경에서 살다가도 어느 순간 돈 한 푼 없는 빈털터리가 될 수도 있다. 사이좋은 부모도 어느덧 싸워서 이별을 할 수도 있다.

내가 말한 환경은 이런 환경을 말하고 싶지 않다.

내 의지와 상관없는 환경은 내가 어떻게 할 수가 없다.

나 역시 좋은 환경은 아니었다.

어렸을 적 엄마의 병환으로 집안은 늘 어두웠다. 아버지의 고생을 옆에서 봐왔던 터라 마음이 아팠다. 그래서인지 나는 집안 환경이 좋은 친구들을 볼 때면 늘 부러웠다.

한 친구는 아버지가 의사여서 집안이 풍족했다.

고액과외를 하며 늘 엄마 차를 타고 학교에 갔다. 생일날은 친구들을 초대하며 예쁜 접시에 음식을 덜어줬다.

나에게 결코 잊을 수 없는 추억들이다.

결혼해서 엄마가 되면서 나는 아이들에게 좋은 환경을 만들어 줘야겠다고 생각했다.

물질적인 환경을 말하는 것이 아니다.

내 의지로 만들 수 있는 환경 즉 정신적인 지지자, 마음의 지지자를 만들어 주기로 했다.

예를 들어서 신랑과 싸워도 아이들에게 분풀이하기보단 엄마의 감정을 잘 조절하기로 했다.

또한, 집에서 놀면서 빈둥빈둥 시간을 보내기보단, 열심히 사는 엄마의 모습을 보여주고 싶었다. 이런 환경을 내가 만들다 보면 아이들 역시 엄마를 보면서 열심히 살지 않을까 생각이 들어서다.

우리 집은 일주일에 한 번은 가족회의를 한다.

민주적으로 문제를 해결하기 위해, 아이들의 의견을 귀담아듣는다.

예를 들어 아이들은 주중에 공부하는 양이 너무 많다.

우리도 학교에서 공부하는데, 집에 와서도 공부하다 보면 하기 싫다.

이런 의견을 낸다.

그럼 우리들은 의건을 수렴하여, 아이들과 합의점을 찾는다.

우리들 역시 아이들에게 아빠 엄마로서 바라는 점을 이야기한다.

아이들도 할 수 있는 일은 스스로 하기로 한다.

이런 것을 통해 집안의 환경을 만들어 간다.

아이들에게 무조건 공부해라, 라고 잔소리하기보단, 아이들과 상의 하는 게 중요하다고 생각한다.

요즘 부모의 욕심으로 아이의 일과를 계획하는 경우가 많다.

친구 아이만 보더라도 하교 후 엄마가 세운 계획표대로 움직인다.

당연히 아이의 성적은 상위권이다.

엄마가 나서서 아이의 스케줄에 맞춰서 움직인다.

자기보다 더 많이 시킨 사람도 많다며 계획표를 수정하고, 보완하며 머리 아파한다.

아이가 엄마의 계획표대로 움직이다 보니 아이 역시 늘 피곤하다를 입에 달고 산다.

먹고 살기도 퍽퍽한 월급쟁이가 빚을 내서 아이에게 사교육, 과외를 시키는 건 좋은 환경을 만들어 주는 게 아니다.

아이에게 정서적 지지자가 되어 주고, 아이의 의사를 존중하는 환경을 만들어 주면 어떨까?

엄마와 함께 이 학원 저 학원 다니느라 진을 빼는 것보단 엄마와 함께 학교 운동장을 걸어보면서 오늘 있었던 이야기를 나눠 보면 어떨까?

남들이 다 하니 우리 아이만 안 한다고 초조해하며 허리띠 졸라매며 사는 삶이 좋을까?

이런 아이가 훗날 부모에게 감사함을 느낄까?

엄마의 치맛바람 속에 사는 아이들이 부모를 보면서 무얼 배울까?

중요한 건 아이의 생각을 함께 들어주는 부모의 정서적 환경이 더 중요하다.

너 학원이 얼마짜린데 열심히 안 하냐고 잔소리하기보단, 집에서 엄마가 공부하고 있는 모습을 보여주는 게 더 현명하단 말이다.

이번에 대학을 보낸 한 어머님은 이렇게 이야기했다.

자기가 좋은 대학을 보내기 위해 학원비로 매달 200만 원 이상을 썼는데, 아무 소용없더라.

아이가 학원에서만 잘하면 뭐 하나요?

학원에서는 성적이 오르는데 실전에서는 점수가 안 나왔어요.

끝까지 점수가 잘 나와야 했는데.

초등학교는 아무것도 아니야.

엄마가 돈을 투자하면 학교 성적은 잘 나와.

하지만 고등학교 때는 그렇게 되지 않아.

엄마가 200만 원 고액 과외를 시켜도 아이의 성적은 쉽게 오르지 않는

단다. 고등학교 때는 스스로 공부하지 않으면 고액 과외를 한들 아무 소용이 없다는 것이다.

엄마가 뒷바라지 잘해야 좋은 대학 간다는 말도 초등학교 때까지만 통한다. 중학생만 되어도 아이들은 말이 없어진다.

자신의 인생 상관하지 말라며 손사래를 친다.

이런 아이들에게 엄마가 이거 해라 저거 하라 한들 아무 소용없다.

고등학생이면 특히 자기 주관이 뚜렷할 나이다.

주도적으로 살았던 아이들이 자신의 목표를 알고 공부의 목적을 찾게 된다. 억지로 공부해라, 과외 시키는데 왜 열심히 안 하니…. 잔소리해 봤자 초등학교 때까지만 엄마 말을 듣는다.

처음부터 열심히 달리다가 막판에 지쳐 쓰러지지 않기 위해서는 엄마는 오늘 잔소리 대신 정서적 지지자만 되면 된다.

어른인 나도 직장가기 싫을 때가 한두 번이 아니다.

직장 가서 상사들이 시키는 일을 하다 보면 짜증이 확 올라온다.

내 일도 아닌데 이거 해라 저거 해라 잔소리를 해대니 말이다.

내가 찾아서 하는 일은 즐겁지만, 남이 하라고 하는 것은 잔소리다.

나는 요즘 아이들에게 말한다.

엄마도 일하기 싫은데, 너희들도 공부하기 싫지?

엄마도 잔소리 들어봐서 아는 데 정말 싫더라.

아이들도 술술 이야기가 나온다.

아이들에게 필요한 건 공부해라…. 가 아닌 함께 공부하자.

함께 책을 읽을까?

너의 생각은 어때?

이 말들이 아닐까?

오늘도 엄마의 노력으로 집안 환경을 바꿔보자.

온기가 도는 따뜻한 환경으로 말이다.

아이가 집을 좋아하게 만들자

아이가 집을 좋아하게 만들려면 어떻게 해야 할까.

멋지고, 장난감이 많으면 좋은 걸까?

결혼하고 당장 신혼집을 구할 수 없었던 우리는 관사에서 시작했다.

관사는 15평 남짓으로 30년 된 곳이었다.

처음에는 이런 곳에서 어떻게…. 라는 생각을 했으나, 사람은 환경에 적응한다는 말이 있지 않던가?

이 집을 예쁘게 꾸미면 되겠지. 라는 생각으로 신랑과 나는 결혼 전부터 주말마다 청소했다.

오래된 집이라 닦고 쓸어도 티가 나지 않았지만, 나름대로 최선을 다했다. 살림살이는 조촐하게 시작하기로 했기 때문에 오래된 벽지와 장판

등을 교체했다.

그렇게 신혼집을 꾸미고 나니 나름 집이 작지만 아담하다고 생각했다. 청소하는 데 시간을 들이지 않아도 되고, 모든 물건이 한눈에 들어왔기 때문이다.

그렇게 1년이 지나고 아이가 태어나면서부터는 좁은 평수에 아이 짐까지 있다 보니 평수가 작다는 생각이 들었다.

그렇게 둘째까지 태어나고 우리는 15평의 관사에서 30평의 관사로 발령을 받았다. 사실 15평에 익숙한 터라 30평이 어느 정도인지 감이 오질 않았다.

15평에서 살면서 우리는 좁다고 생각하지 않았다. 15평이어도 1층에서 맘껏 뛰어놀며 마당 앞에서 소꿉놀이도 하고, 겨울엔 옹기종기 모여 고구마를 먹는 추억이 있었다.

물론 좁은 평수이다 보니 아이들이 기어 다닐 때에는 이곳저곳에 쿵쿵 찧기는 했지만 말이다.

30평의 관사로 이사를 하니 아이들은 집이 운동장 같다며 뛰어다녔다.

층간 소음에 여간 신경을 썼던 터라, 아이들에게 조용히 다니라고 몇 번씩 말해야만 했다.

공간은 넓어졌으나 마음은 불안했다. 평수가 넓은 아파트보다 아이들은 1층에서 맘껏 뛰놀았던 시절이 더 좋았다는 반응이었다.

아이들이 학교에 들어간 후부터는 친구 집과 비교하기 시작했다.

집에서 맘껏 뛰놀 수 있던 친구 집이 부럽다면서 말이다.

요즘 층간 소음으로 많은 사람이 고통받고 있다는 걸 익히 들어서 잘 안다.

우리 집은 아이가 3명이다 보니 조금만 뛰어도 "안 돼…. 라고 말한다.

아이의 자유를 빼앗아 간 것 같아 마음은 아프지만, 아이들이 공중도덕을 익히고 이해를 했으면 하는 바람이다.

나는 아이들에게 집의 즐거움을 심어주기 위해 각자의 방을 원하는 방식으로 꾸몄다.

우리 딸은 물건 수집하는 걸 좋아해서 장식장에 자신만의 소중한 물건을 진열해 놓았다. 책을 볼 수 있는 의자는 푹신한 게 좋다고 해서 최대한 좋은 의자로 샀다.

아들들은 엎드려서 보는 게 좋다고 해서 푹신한 매트를 깔아줬다.

학교 갔다 오면 씻고 나서 각자의 공간에서 공부도 하고 책도 본다.

하루 중의 가장 편한 시간이라면서 말이다. 물론 자기 방이 가장 좋다면서 자랑을 한다.

사실 나의 경우는 어렸을 때 집에 가기가 싫었다.

나의 공간이 없었을 뿐 아니라, 집에 늘 혼자 있어야 했기 때문이다.

엄마는 병원에 입원에 있는 날들이 대부분이었다.

그래서 외로움이 싫어서 최대한 학교에서 끝까지 남아서 놀았다.

내 마음을 아는지 담임선생님께서 놀지만 말고 공부도 하라며 색칠 공부 책을 사주셨다.

숙제도 학교에서 다 하고 가라며 시간을 주셨다. 선생님과 나는 친구처럼 이런저런 이야기를 많이 했다. 그래서 나의 속마음을 꿰뚫어 봤을지도 모른다. 그렇게 학교에서 늦은 하교를 하고 집에 갔다.

책도 읽고 싶고, 공부도 하고 싶었지만, 당시 나에게는 꿈이 없었다. 그냥 고생하신 아버지를 보고, 어머니를 보면서 마음이 아팠다. 그래서인지, 나는 아이들이 집이라는 공간을 가장 좋아하고 편하게 생각했으면 바랬다.

자신만의 공간을 가장 소중하게 생각하는 것 말이다.

우리 아들은 자신의 방에다 좋아하는 레고나 피규어를 전시해 놓았다.

자신의 방은 깔끔한 게 좋다고 해서 짐을 최대한 줄였다.

딸아이는 앙증맞은 인형을 모은다. 그 공간에서 한 번씩 자신이 좋아하는 인형 놀이를 하고 소꿉장난을 한다.

이런 모습을 보면 여자아이의 성향은 남자와 아주 다르구나, 라고 느낀다.

우리 막내는 한 번씩 엄마에게 웃음을 준다.

엄마 우리 집이 최고 좋아.

우리 집에는 내가 좋아하는 보물들이 많아.

각자, 자신만의 공간에서 지내는 모습을 보면서 웃음이 나온다.

뭐. 대단한 비밀이라도 있는 것처럼 말이다.

꼭 방이 각각 있어야 할 필요는 없다.

조그만 공간이라도 아이들에게 비밀 공간이 있다면 아이는 즐거워한다.

아는 지인은 청소하다가 깜짝 놀랐다고 한다.

침대 밑에 공간에다 자신의 물건 (딱지, 카드) 등을 잔뜩 넣어 놨다고 말이다.

그 공간을 자신의 소중한 보물을 숨겨놓은 곳으로 생각한 것이다.

누구나 자신만의 공간이 있을 것이다.

나에게도 그런 공간이 있다.

우리 집 식탁은 밥 먹는 공간뿐 아니라 내 작업을 하는 곳이기도 하다.

밥 다 먹고 나서 그곳에서 책도 읽고 글도 쓴다.

물론 커피숍에서 글을 쓰거나 읽을 때도 있지만, 우리 집이 가장 편하다.

커피숍은 나뿐 아니라 다른 사람들도 있다 보니 내 것이라는 생각이 들지 않는다.

집은 나 혼자만을 위한 곳이다 보니 가장 편하면서도 가장 좋다.

아이들에게 자신만의 공간을 만들어 주자.

집이 크고 작은 것이 문제가 아니라, 책을 읽을 때 가장 좋은 곳, 놀 때 가장 즐길 수 있는 공간이 있다면 좋을 거 같다.

우리 집이 가장 편할 수 있도록, 기쁨을 주는 공간으로 만들어 보자.

집을 도서관처럼 꾸미자

어릴 적 독서에 대한 굶주림인지, 공부를 더 하고 싶은 마음 때문인지는 모르겠지만 성인이 된 후 나는 독서에 빠져들었다. 특히 육아하면서부터는 책을 끼다시피 하였다.

외로움 때문인지, 힘듦 때문인지 구체적으로 모르겠으나, 책을 읽는 순간이 좋았다.

책은 나에게 신세계를 제공했다.

내가 미처 알지 못한 내용뿐 아니라, 알고 싶은 내용, 감동적인 내용은 삶의 희망이 되었다.

그래서인지 아이들과 도서관에 가서 책 읽는 시간이 가장 좋다.

다양한 체험과 경험도 중요하지만, 도서관만큼 모든 걸 경험할 수 있는 곳도 없다.

요즘 도서관들은 프로그램도 다양하게 해서, 인형극, 독서 체험, 1박 2일 도서관 체험 등 행사도 다양하다. 프로그램뿐 아니라 책도 원하는 종류를 다양하게 읽을 수 있다.

집에서 다양한 책을 사놓고 읽어주면 좋겠으나, 큰 비용도 부담되고 그 많은 책을 사기도 어려웠다.

주말 이틀 중 하루는 꼭 도서관으로 나들이를 하러 간다.

지금은 각자 아이들이 자라서 자기 원하는 책을 읽고 있지만, 어렸을 때는 내가 책을 읽어 줬다. 책을 읽어주면서 아이의 상상력도 풍부해지고, 많은 책을 보면서 꿈을 키울 수 있다고 생각했다.

나도 어렸을 때 도서관이란 곳을 알았다면 열심히 다녔을 거란 생각이 든다.

어딘가에 있었겠지만, 데리고 가는 사람도 없었고, 도서관은 공부만 하는 곳인 줄 알고 살았다.

뒤늦게 도서관이라는 곳의 매력에 빠져서 그 공간을 사랑하게 되었다.

도서관으로 나들이를 하러 가서 책도 읽고, 체험도 하고, 밥도 먹고 오면 하루가 지나갔다.

차 안에서는 아이들이 읽은 책 내용을 말하느라 정신이 없다. 그중에서도 감명 깊은 책이나, 또 한 번 읽고 싶은 책은 바로 인터넷 서점으로 구매를 해준다. 나 역시도 한 번 더 보고 싶은 책이나, 감동적인 책은 바로 구매를 한다.

최근에는 글 배우님의 아무것도 아닌 지금은 없다는 책을 읽고 바로 구매했다.

도서관 한쪽에 자리 잡고 앉아서 읽는데, 내 맘에 너무 와 닿아서 그날 구매했다.

힘들 때마다 이 책이 나를 지켜 줄 거란 생각에서였다.

좋은 글귀는 메모해놓거나 연필로 밑줄을 그어 놓는다.

우리 집을 도서관처럼 꾸미고 싶다는 생각은 늘 마음속에 있었다.

공간이 작으면 작은 데로 크면 큰 데로 아이들에게 도서관 같은 분위기를 심어주고 싶었다. 그래서 거실은 책과 큰 책상만 두기로 했다.

나의 경우는 집 가운데서 거실이 가장 중요한 공간이라 생각했다. 가족들이 다 모이는 공간이기도 하면서, 함께 무언가를 할 수 있는 곳이라 생각했다.

인테리어는 무지하지만, 거실만큼은 잘 꾸미고 싶다고 생각한다.

멋지고 화려하게 꾸미는 것이 아니라, 도서관처럼 말이다.

아이들이 어리면 편하게 누워서 볼 수 있는 쿠션 있는 매트도 좋을 거 같았다. 또한 도서관 같은 큰 책상과 편하게 앉아서 볼 수 있는 의자도 좋았다.

어느 날 집 앞에 도서관이 새로 생겨서 방문했다.

도서관 외관부터 얼마나 멋있는지 감탄사가 나왔다. 지상 3층 건물로

지어졌는데, 들어간 순간 다녔던 도서관 중에 최고라 생각했다.

아이들을 고려해서 곳곳마다 귀여운 책상뿐 아니라 편한 케릭터 의자가 놓여있었다. 무엇보다 3층까지 실내에서 계단으로 되어 있는 곳은 처음이었다.

보통은 단층에 다 모여 있는데, 3층까지 있는 곳에 아이들을 위해 모든 편의 시설이 구비되어 있었다.

주말뿐 아니라 평일에도 시간 되면 또 오고 싶은 공간이기도 했다.

며칠 후 신문에 이 도서관이 부산에서 디자인상을 받았다는 기사를 봤다. 역시 전문가도 감탄한 곳이구나 라는 생각에 흐뭇했다.

집을 이렇게 만들지는 못하지만, 최대한 아이들이 책을 좋아할 수 있게 만들 수는 있다. 그 도서관을 모방하여 나 역시도 군데군데 책을 놓았다.

책으로 책받침도 하고 선반 위에 펼쳐 놓기도 했다.

나는 다른 집 거실만 봐도 이 집이 책을 좋아하는지 안 좋아하는지 알 수 있다.

어떤 집은 거실에 온통 장난감과 아이들의 짐으로 쌓아 놨다. 물론 아이들이 어릴 때는 그럴 수밖에 없지만, 아이들이 자라면서는 하나씩 정리를 해 주는 게 좋다. 비싼 장난감은 그때 뿐이다.

나도 어렸을 때 아들이 만화 캐릭터 장난감을 엄청나게 좋아해서 마트 갈 때마다 1개씩 사주다 보니 장난감이 쌓여 갔다.

물론 아이의 의사를 무시할 수는 없지만, 뭐든지 적정선이 중요한 거 같다.

우리 아들은 레고도 엄청나게 좋아해서 처음에는 무조건 사줬다. 나중에 레고가 한 박스 두 박스 쌓여서 이것도 짐이 되었다.

처음에는 버리는 게 아까워 쌓아 두었더니 거실 한쪽이 아이들 짐으로 가득 찼다.

살면서 과감히 버리고, 정리하는 것도 중요하다는 걸 알았다.

정리정돈이라는 책을 보면서, 정리의 중요성을 알았다.

그렇게 과감하게 버리고 나눠줌으로써 지금은 우리 집의 짐이 절반으로 줄었다.

물론 셋째 아이가 있기에 다 버리지 못한 것도 많다. 레고 같은 경우는 지금 셋째가 열심히 맞추고 있다. 새것 사달라고 졸라대지 않아서 다행이다.

거실 공간에서 아이들이 책을 보기 좋게 하기 위해서 분기마다 분위기를 바꾼다.

내가 가장 많이 투자한 곳이기도 하다.

처음에는 앉아서 보는 좌식 책상으로 사서 그 공간에서 다 모여서 책을 봤다.

어느 날 딸이 누워서 책을 읽고 싶다고 했다.

그날 나는 딸과 푹신한 매트를 샀다.

딸이 좋아하는 공간을 마련해 주자 딸은 집중해서 책을 더 잘 읽었다.

나의 경우는 딱딱한 의자와 책상이 좋다. 그래서 식탁은 밥을 먹는 곳이기도 하지만 내가 공부하는 곳이기도 하다.

막내는 엎드리는 것을 좋아해서 한쪽에 매트를 반으로 접어서 놔두었다. 그곳에서 책도 읽고, 공부도 한다.

신랑은 베란다에 의자 놓고 밖에 경치를 보면서 책을 본다.

각자 추구하는 것이 다르기에 개성을 존중한다.

다만 우리 집은 도서관처럼 만들기 위해 오늘도 정리 중이다.

딱딱한 도서관이 아닌, 책을 보고 싶어 하는 도서관으로 말이다.

내가 소중하듯 내가 있는 공간 또한 소중하다.

편안한 분위기와 정리 정돈된 환경이 중요하다

나는 모델 하우스에 가는 걸 좋아한다.

아파트를 사고 안 사고가 중요한 것이 아니라 정리 정돈된 깔끔함에 반한다.

인테리어에 무지한 나는 아이의 방을 어떻게 꾸며야 할지 몰랐다.

우연히 집 앞 모델하우스에 가봤더니, 아이디어가 샘솟았다.

굳이 새 아파트가 아니더라도 책상을 놓은 위치, 식탁의 위치, 벽지 색깔 등에 따라 집안의 분위기가 달라졌다.

나는 한 번씩 책상의 위치를 바꿔준다.

아이들에게 새로운 마음을 갖도록 말이다.

가구 위치만 몇 개 바꿨을 뿐인데 공간이 조금 넓어진 느낌이 들기도 한다.

중요한 건, 쓰지도 않는 잡다한 물건을 버리는 일이다.

아껴두면 입겠지…. 나중에 쓸 거야…. 라고 쌓아놓은 물건들은 과감히 버려야 한다.

그 물건들만 버려도 마음이 가볍다.

그래서 나는 하루 중 집안 정리를 중요하게 여긴다.

무슨 일이 있어도 집 안 청소와 정리를 한다.

하루 이틀 청소 안 한다고 티 난 줄 아니? 라는 말을 믿지 않는다.

청소와 정리의 중요성을 몸소 느낀다.

정리가 되지 않는 책상과 잡다하게 쌓아놓은 물건들은 나를 게으르게 만들었다.

한번 정리하지 않았더니 나도 게을러서 일어나기도 싫고, 책상에 올라가 글 쓰는 것도 싫어졌다.

정리 정돈을 하지 않으면 게으름을 동반한다는 걸 나는 경험으로 느꼈다.

반면 정리된 환경에서는 책도 읽고 싶고, 커피 한 잔도 마시고 싶고, 공부도 하고 싶다. 물론 아이 셋을 키우는 우리 집은 하루라도 정리정돈 하지 않으면 집안이 전쟁터가 된다.

바닥의 머리카락, 먼지, 책들 사이에서 책 읽고 싶지는 않다.

아는 지인은 정리하고 청소해도 티도 안 난다면서 일주일에 한 번 청소하고, 그 시간을 아낀다고 했다. 심지어 빨래도 빨랫줄에서 그대로 걷어서 다음 날 입는다고 했다.

시간 절약을 위해서 청소를 안 한다고?

나도 한번 2일에 한 번씩 청소해 볼까?

하고 따라 했더니 나도 모르게 우울함과 게으름이 스멀스멀 올라왔다.

그때 나는 정리정돈의 중요성을 몸소 깨달았고, 편안한 환경에서 아이디어도 샘솟는다는 걸 배웠다.

대청소하고 깨끗해진 집을 보면서 얼마나 기분이 상쾌한지 모른다.

나 역시도 시간 관리를 잘하는 사람이지만, 정리정돈이 내 우선순위 중 상위권이다.

한번은 유아 전공하신 분의 강의를 들으러 갔다.

뒤늦게 대학원을 가서 공부하랴, 일하랴, 육아하랴 너무 바쁜 시간을 보냈다고 얘기했다.

그래서 집안일은 포기했다고 했다.

자신의 책상에는 늘 책이 높이 쌓여있고, 식탁 위에도 책을 높이 쌓아놨다면서 자신이 얼마나 바쁘게 살아왔는지를 이야기했다.

모든 걸 다 잘할 수는 없다고 했다.

자신은 정리정돈을 포기했다며 자신의 집에 손님이 찾아오면 앉을 자리를 겨우 마련해 줄 정도라고 웃으셨다.

물론 그분의 열심히 산 삶의 박수를 보내고 싶으나, 내 생각은 달랐다.

아이 셋의 육아와 일 그리고, 공부, 집안일을 다 잘할 수는 없다.

하지만 정리정돈은 해야 할 우선순위 중 상위권이다.

아이들도 정리 정돈된 곳에서 공부하려고 하지, 지저분하게 있는 책상에 앉기를 싫어한다.

스스로 자신의 책상 정리를 하므로 내가 크게 신경 쓸 부분은 없다. 다만 가족 공동체가 함께 사용하는 공간의 정리는 엄마가 했다.

일하면서도 퇴근하면 가장 먼저 하는 일이 정리정돈이었다.

아이들이 왔을 때, 공부할 수 있는 환경, 책 읽을 수 있는 환경이 되도록 말이다.

그래서 밤에도 내가 가장 늦게 잠든다.

아이들이 다 잠들고 나서도 거실의 정리 정돈을 하고 나야 잠이 왔다.

신랑은 그런 나를 이해하지 못했지만, 나는 그게 습관화가 됐다.

책꽂이에 책이 눈에 볼 수 있게 꽂혀야 한 권씩 빼서 읽고 싶다.

탑 쌓듯 높이 쌓여 있거나, 이쪽저쪽 흩어져 있으면 책 보기도 싫다.

그만큼 환경이 중요한 것이다.

내가 가장 신경 쓴 부분은 앞에서 말했듯이, 거실이다.

거실은 늘 깔끔하면서도, 정리 정돈이 되어 있다.

집에 막 들어왔을 때 책을 보고 싶은 생각이 들도록 말이다.

나 역시도 모든 일을 완벽하게 할 순 없다.

그래서 정리 정돈 중에서도 가장 중요한 곳은 먼저, 덜 중요한 곳은 나중이라는 원칙을 세웠다.

무슨 일이 있어도 거실은 빠짐없이 정리한다.

하지만 아이들 옷 방이나, 목욕탕은 일주일에 두 번 정도 정리한다.
물론 바쁘다는 전제하에서 말이다.
완벽하지 않지만, 내 주위의 환경이 단정하도록 노력한다.
그런 탓에 회사나 병원에서도 습관이 되었다.
모든 물건이 제자리에 있도록, 정리 정돈된 환경을 좋아한다.
깨끗하게 닦는 것도 중요하지만, 거기에 앞서 물건들이 제자리에 있도록 한다.

한번은 병원 동료가 그런 나를 보면서 피곤하게 산다고 했다.
하지만 드레싱 하나 책상 위가 정리 정돈이 되어 있다면 누구나 일하면서 기분이 좋을 거 같다고 생각한다.
출근하면서 내 옷장에 향기가 난다면 얼마나 좋겠는가?
그러기 위해서는 정리 정돈이 잘돼 있어야 한다.
옷 갈아입다 보면 동료들의 캐비닛을 보면 그 사람 성격이 보인다.
어떤 사람은 바구니에 반듯하게 정리 정돈된 사람이 있다.
또 다른 사람은 대충 옷장에 양말, 머리핀 등을 쑤셔 넣었다.
과연 어떤 사람이 일을 잘할 것 같은가?
내가 지켜본 바로는 정리 정돈된 사람이 일도 잘하고, 단정한 사람이었다.
다 맞는 건 아니지만, 나는 그렇게 생각한다.

사람은 외모보다 내면이 중요하다.

하지만 내면이 아름다우면서 외모 또한 단정하다면 더 호감을 준다.

사회생활 18년을 넘어서다 보니 나는 몇 마디만 해도 그 사람의 성향이 보인다.

각자 개성이 있다 보니 최대한 존중을 한다.

내가 선호하지 않는 사람은 자신의 외모에만 시간과 돈을 투자하는 사람이다.

보이는 것이 다가 아니라는 말을 늘 새기며 살아간다.

남에게 보이는 외모가 전부가 아니란 말이다.

지금부터는 내 마음의 정리 정돈, 내가 좋아하는 집의 정리 정돈을 해보면 어떨까?

우울했던 지난날과 결별 할 수 있는 방법을 될 수도 있다.

엄마가 부지런해야 한다

일찍 일어나는 새가 벌레를 잡아먹는다.

나는 이 속담을 좋아한다.

우리 집은 부지런 해라는 것이 집안의 교훈이었다.

아침 일찍 조간신문으로 하루를 시작했던 아버지를 보면서 나 역시도 아침 일찍 하루를 시작하는 게 습관이 되었다.

아버지는 어머니의 병간호를 하면서 우리의 밥을 주기 위해 새벽 4시에 하루를 시작하셨다.

새벽부터 일어나서 밥 씻는 소리에 저절로 눈이 떠졌다.

한겨울엔 밖이 너무 깜깜하여 밤이 아닐까 착각할 정도다.

그런 습관 때문인지, 아침 늦게 늦잠 자본 적이 거의 없다.

간호사로 3교대를 하면서도 day 근무를 선호했다.

아침 일찍 시작하고 오후에 퇴근하면 되었기에, 나에게 적당하다고 생각했다. 물론 밤 근무가 가장 힘들긴 했지만 말이다.

낮에 잠을 자야 밤 근무를 하는데 대낮에 잠을 잔다는 건 나에게 적응이 안 됐다.

우리 병동에서는 대부분의 사람이 저녁 근무를 선호했다. (오후부터 밤에 퇴근하는)

나의 한 달 스케줄은 day 근무 아니면 나이트였다.

다른 동료나 선배들은 그런 나를 이해할 수 없었다.

왜 힘들게 새벽근무를 선호하냐고 말이다. 다른 사람들은 서로 이브닝을 하겠다고 했으니, 나에게 고맙다며 웃었다.

그런 탓에 결혼해서도 새벽 일찍 일어나는 게 몸에 습관화됐다.

남편 밥은 무슨 밥이냐며 주위에서 난리였지만, 나는 아침밥을 차려주고도 시간이 남았다.

대부분 엄마가 된 순간 아침잠이 부족하다며, 유치원 학교, 보내고 다시 침대로 들어간다.

나의 경우는 새벽에 일찍 일어나더라도 다시 누울 일은 없다.

열심히 일하고, 육아하고, 집안일 하고, 책을 읽다 보면 하루의 시간이 부족하다.

그래서 새벽에 하루를 시작해서 저녁에 누울 때까지 부지런히 움직였다.

세 아이를 키우면서 하루가 정말 빨리 지나가라는 것을 느꼈다.

그 누구보다 시간의 중요성을 알고 있다.

뒤돌아서면 아침이고 뒤돌아서면 깜깜한 밤이 되었다.

부지런히 움직여야 잠들기 전에 오늘 하루가 허무하지 않겠다는 생각이 들었다. 그런 탓에 시간을 허투루 보내는 날에는 스스로 반성을 했다. 이렇게 무의미하게 시간을 흘려보내면 안 되는데…. 라고 생각하면서 말이다.

나의 하루가 새벽이다 보니 아이들 역시 남들보다 아침 일찍 일어난다.

아이들은 아침 일찍 일어나 책을 보기도 하고 못 한 숙제를 하기도 한다. 그래서 나는 숙제 끝내고 자라, 공부 다 하고 자라, 이런 말을 하지 않는다.

아침 일찍 일어나서 할 거라 믿기 때문이다.

하루를 일찍 시작하면 할 수 있는 일들이 많다.

청소하고 집안일을 끝내도 1시간 안에 다 한다.

독서도 오전 시간에 몇 장 정도는 충분히 읽는다.

그뿐만 아니라, 글쓰기도 몇 꼭지 정도 쓸 수 있다.

만약 아침에 늦잠 자고 일어나면 금방 점심시간이 된다.

점심 먹고 나서 하루를 시작한다고 생각해 보라.

아침에 다 끝냈을 일을 이제야 시작하니, 금방 저녁이 될 것이다. 하루를 길게 쓰고 싶다면 될 수 있는 한 아침 일찍 시작하는 게 좋다.

집중력도 높고, 정신도 맑기 때문이다.

엄마가 부지런하게 움직이면 아이도 부지런해질 수밖에 없다.

아이들 일어나기 전에 아침 독서도 할 수 있고, 아이들 간식까지 준비할 수도 있다.

엄마가 조금만 부지런하면 집안 환경이 달라진다.

워낙에 몸을 가만히 있지 못해서인지 운동을 하지 않아도 살이 찌지 않는다. 물론 운동한 사람들 보다 몸의 탄력은 떨어지겠지만, 지방은 별로 없다.

몸을 최대한 많이 움직이다 보니 잠잘 때 눕기만 하면 쉽게 잠이 든다. 무엇 보다 누우면서 오늘도 열심히 살았구나…. 라며 나를 칭찬한다.

엄마들 모임에 가보면 우리 집은 몇 평이야…. 우리 집 이번에, 가구 바꿨어…. 등등 자랑을 한다.

웃으면서 나는 좋겠네…. 넓어서 아이들이 좋아하겠네…. 라고 이야기한다.

사실 새집과 새 물건보다 더 중요한 건, 엄마가 부지런하게 움직이고 정리정돈을 잘하는 거라 생각한다.

우리 집에는 모든 가구가 오래됐다.

새것이 좋긴 하지만, 나는 고장 나지 않는 한 오래 쓰는 편이다.

컬러가 안 맞는다고 구입하고, 집 분위기와 안 맞는다고 새로 사는 대신 부지런히 가구의 방향을 바꾸고 정리 정돈은 하는 거로 대신한다.

"그래서 나는 우리 집은 아이들이 책 읽기 편하도록 거실에 물건들을 정리했어."

이런 말을 자주 한다.

사람들은 보이는 외면을 중요시 생각하지만, 이것보다 더 중요한 건 그 사람의 삶의 습관이라 생각한다.

누구누구 엄마는 좋겠어…. 라며 남들을 부러워하는 사람들이 많다.

신랑이 의사라서 명품 백 들고 왔는데. 너무 예쁘더라.

라는 말로 시작해서 이번에 새 아파트로 입주했대.

아파트가 값이 얼마래.

그런 이야기로 시간을 보낸다.

물론 부러움을 살만한 가치가 있으나 하루의 에너지를 부러워하는 쪽에만 쓰다 보면 내 삶이 피폐해진다.

앉아서 입으로 떠들어대면 뭐가 바뀔까?

내 인생이 그 사람처럼 될까?

그 사람의 배경을 따라갈 수 없다면, 현재 있는 내 상황에서 내가 부지런히 바뀌면 된다.

나는 그런 사람이다.

유치원 엄마들 모임에 참석해 보니 어떤 한 분의 이야기가 끊임없이 이어졌다.

집에 갔더니 미술관이 따로 없을 정도로 멋지다는 이야기다.

신랑이 무슨 일을 하고 유학파래…. 부터 시작해서 관심이 많다.

그러면서 정작 자기 집에 와서는 한숨부터 쉰다.

비교하며 하루의 시간을 보내고 나면 우울함만 남는다.

우리가 지금 해야 할 일은 남을 부러워하거나, 질투를 느끼면서 신세

한탄하면 안 된다.

내가 부지런히 움직여서 내 집 환경을 바꾸고, 내가 부지런히 살면 된다. 그리고 기회를 위해 부지런히 움직여서 준비하면 된다.

우리 집을 이렇게 해볼까? 정리 정돈을 해야지…. 물건 정리를 해야지…. 이런 생각으로 산다면 남들이야 어떻게 살든 내가 신경 쓸 부분이 아니다.

남들이 자랑할 때 나는 내 아이들을 위해 멋진 엄마가 되면 된다.

오늘도 부지런히 움직여야 할 이유를 찾아보자.

그리고 당장 우리 집 정리 정돈 먼저 해보자….

제4장

엄마의 노력, 중요하다

부지런한 엄마가 책을 좋아하는 아이를 만든다

동네의 한 엄마는 나를 볼 때마다 묻는다.

어쩌면 아이가 책을 잘 보냐고 말이다.

자신의 아이는 책을 읽어 줘도 보지 않는다고 말이다.

서점에 가서 아이에게 책을 사주려고 해도 아이는 시큰둥하단다.

책 읽을 시간도 없는데....

그 돈으로 다른 거 사주면 안 돼? 라고 한단다.

아이가 통 책에 관심이 없어서 걱정이라고 했다.

대신 아이는 하루에 사교육만 4개 정도 다닌다.

어렸을 때부터 빡빡한 스케줄로 하루를 보내고 있는 아이는 지금도 학원 안 가면 안 되는 줄 안단다.

엄마도 문제라고 생각하지만, 내 아이만 안 시키면 안 된다는 생각에 불안하다고 했다.

학원에 다녀와서도 아이는 학원 숙제 학교 숙제를 하고 나면 밤 11시 넘어서 잔다고 했다.

말만 들어도 숨 막힌다.

아이는 책을 싫어하는 게 아니라 책 읽을 여유가 없었다.

책 읽고 숙제는 숙제대로 해야 하는데 누가 책을 읽겠는가?

여유 없이 사교육으로 일과를 짜면서 아이에게 책을 싫어한다고 말한다.

아이들이 책을 좋아하게 만들려면 엄마의 노력이 필요하다.

과감하게 사교육을 포기하고, 엄마가 부지런히 아이에게 책을 읽어줘야 한다.

무엇보다 엄마가 책을 좋아해야 한다.

나는 우리 아이들에게 학원 대신 책을 읽으라고 했더니 좋다고 했다.

과감하게 결정하고 아이의 의사를 존중했다.

아이는 운동 대신 친구들과 축구하고, 숙제해도 시간이 남았다.

남들 학원 갈 시간에 책만 읽었더니 일주일에 3권은 넘게 읽는다.

가끔 학교 공부가 걱정되면 서점 가서 독해 문제집 한 권을 사준다. 물론 이것도 항상 하는 건 아니고 아이가 하고 싶을 때 하라고 했다.

아이에게 시간적인 여유를 주자 아이는 오늘도 돈키호테의 원작을 읽고 있다.

나는 주말이나 쉬는 날이면 꼭 도서관에 들린다.

아이들 읽을 책을 빌리러 가거나, 책 반납하기 위해서다.

조금만 한눈팔면 기간이 연체되기에 정신을 잘 차려야 했다.

도서관에 가서 20권씩 책을 빌려주고 반납하는 일은 내가 한다.

사실 한곳 도서관만 가는 경우도 있지만, 대부분은 두세 군데 도서관을 간다.

이런 엄마의 노력 덕분인지 아이들은 여유롭게 책을 읽는다.

주말에는 대형 서점에 가서 자신이 읽고 싶은 책을 고르고, 사준다.

사교육비 아껴서 책으로 돈을 쓰고 남는 여윳돈은 아이 이름 앞으로 통장을 만들어 줬다.

며칠 전에 동네 도서관에 갔더니 선물을 주었다.

독서의 날을 맞이하여 대출 권수가 많은 가족에게 주는 선물이다.

책을 빌려주는 것만으로도 고마운데 선물까지 주다니.

또 다른 도서관은 독서의 날을 맞이하여 대출 권수를 배로 빌려준다고 한다.

20권씩 빌렸는데 40권이나 빌려준다는 것이다.

그날 아이들 책뿐 아니라 내 책까지 빌려서 왔다.

우리 집 책장에는 책이 꽉 찼다.

엄마의 적은 노력이 아이들을 독서광으로 만들었을지 모른다.

물론 다 재밌는 책만 있는 건 아니다.

어떤 날은 아이들이 "엄마, 왜 이렇게 재미없는 책 빌려왔어?"

라고 뭐라 한다. 물론 내가 내용을 다 알 수 없으니, 대충 보고 빌려 오기도 한다.

그래도 20권 중에서 3-4권 빼고는 대부분 잘 읽는다.

여기서 중요한 건 책만 빌려주고 반납하는 것만 다가 아니다.

물론 이 정도의 노력도 대단하지만, 더 중요한 것이 있다.

그건 바로 엄마도 함께 독서를 해야 한다는 것이다.

도서관에서 책을 20권씩 빌리면서 나는 꼭 내 책도 1-2권 빌린다.

아이들을 독서광으로, 책을 취미 삼아 읽을 수 있게 하기 위해서 가장 중요한 건 엄마도 책을 읽어야 한다는 것이다.

어떤 엄마는 책을 읽으라고 했더니, 책을 언제 읽냐며 묻는다.

요즘 유행하는 드라마는 다 챙겨보고 홈쇼핑은 기본으로 하면서 책 읽을 시간이 없다니 이해하기 힘들었다.

아이들이 책을 좋아하기 위한 첫 지름길은 엄마가 책을 좋아해야 한다.

나는 내가 솔선수범해서 책을 본다. 물론 드라마가 재밌는 줄은 알지만 나는 보지 않는다.

그래서 남들 대화에 낄 수도 없고, 남들이 보면 답답하다고 생각할지도 모르겠다.

나는 나의 마음이 양식을 쌓는 게 어영부영 시간 흘려보내는 것보다 더 중요하다고 생각한다. 그런 덕분인지 아이들도 열심히 책을 읽는다.

어떤 날은 아이 방에 늦게까지 불이 꺼지지 않았다.

책 내용이 궁금해서 잠이 안 온다면서 말이다.

그러면, 나는 아이 방에 책 한 권 들고 가서 함께 읽는다.

너 잘 때까지 함께 읽을게…. 라고 말한다.

이렇게 우리는 때론 밤늦게끼지 책을 읽는다.

엄마가 이 정도의 노력도 하지 않고, 공부해라, 책 읽으라고 하는 것은 잔소리다.

잔소리하다 보면 아이들은 이렇게 말할지도 모른다.

"엄마는 책도 안 보면서. 날마다 스마트 폰만 만지작거리면서.

드라마 연속보기만 하면서."

어쩌면 아이들 마음속에 엄마를 한심하다고 생각할지도 모른다.

TV 앞에서 밤늦게까지 앉아 있다면 말이다.

엄마들은 학원에 아이들을 보내고 자신은 카페에서 기다리는 게 노력이라고 생각한다.

끝날 때까지 기다렸다가 간식 먹이고 다른 학원 뺑뺑이 돌리는 걸 말이다.

물론 사람마다 다르겠지만, 나는 그것을 노력이라고 보기보단 시간 낭비라고 생각한다.

아이들은 엄마가 자신을 기다리고 있다고 생각하면 부담스러워하지 않을까?

한번은 나도 아이 학교 앞에서 책을 읽으며 아이를 기다렸다.

새로 이사한 집을 못 찾아올까 봐 말이다.

아이는 나를 보자마자 엄마 뭐 하러 왔어?

내가 못 찾아 갈까 봐 기다린 거야?

안 와도 돼…. 나 혼자서 집에 찾아갈 수 있어…. 라고 말한다.

학교 앞에서 아이가 나오기만을 기다리고, 학원 끝날 때 차에서 다름 스케줄을 위해 기다리는 엄마보단 집에서 공부하는 엄마가 더 낫다.

아이의 눈에 엄마가 공부하는 모습, 책을 읽는 모습을 자연스레 보여 주는 것이다.

그러면 아이도 엄마의 시간을 소중하게 생각할 테고 말이다.

오늘 당장 도서관에 가서 대출증으로 아이의 책부터 빌려보자.

엄마의 책도 더불어서 말이다.

아이는 새로운 책을 통해 호기심을 키울 것이다.

책을 읽으라고 하지 않아도 자연스레 무슨 책을 빌렸지? 라며 궁금해 할 것이다. 더 나아가 가족들과 대화 시간에 오늘 무슨 책이 재밌었어? 라고 물어봐라.

우리 집 막내는 최근 여러 나라에 대한 책을 읽으면서, 밥 먹을 때마다 엄마 인도에서는 손으로 밥을 먹는데.

엄마, 미국에서는 밥 대신 햄버거를 먹는데. 그래서 뚱뚱한가 봐.

엄마, 포유류가 뭐야?

자연스러운 질문을 통해 아이들은 오늘도 책 세상에 풍덩 빠진다.

엄마는 아이 앞에서 모범이 되어야 한다

모범생이라고 하면 뭔가 딱딱한 이미지가 떠오른다.

안경을 쓰고, 늘 책을 가까이하고, 공부도 잘하고, 반듯한 모습이다.

학창 시절에 초등학교 때 모범생이 별명인 친구가 있었다.

늘 반장을 하고, 목소리도 야무졌고, 쉬는 시간에도 책을 봤다.

그런데 왠지 나는 그런 친구들과 친하게 지내지 못했다.

내가 가까이 다가서지 못한 이유도 있었겠지만, 그 친구 역시 자기와 비슷한 친구랑만 지냈다.

한마디로 내 주위에는 공부 잘하고, 야무진 모범생이 없었다는 이야기다.

모범생들과 친구가 되지 못한 건, 이 세상을 비딱하게 바라본 내 환경이기도 했을 것이다.

왠지 모범생들은 집안 환경도 뒷받침했을 거란 추측에서였다.

그만큼 자격지심이 있었다.

모범생의 엄마들은 한 번씩 학교에 와서 간식도 넣어주고, 선생님을 자주 보러 왔다.

그러다 보니 너는 좋겠다. 나에게는 늘 부러움의 대상이었다.

직장에서도 모범생처럼 충성적인 사람이 있었다.

부당한 일을 시키고, 비수 꽂은 말을 듣더라도 "늘 알겠습니다.

잘하겠습니다." 라며 대답했다.

그런 사람들을 보며 나는 모범생이기는 틀렸다고 생각했다.

첫 직장에 들어가서 어느 날, 위 선배는 나에게 없어진 기구를 찾아내라고 했다.

분명 내 근무 때 없어진 게 아닌데 말이다. 다른 동료는 없어진 기구를 자비를 털어서 샀다.

그러나 나는 인정 할 수 없었다.

내 근무 때 없어진 게 아니기 때문이다. 그 선배는 자신이 바빠서 기구 카운트를 못 했으면서, 무작정 내 탓을 했다.

보통은 알겠습니다. 찾아내겠습니다.

그리고 사서 오는 게 관례였다.

나는 그렇게 하기가 싫었다.

모범적인 대답을 하기 싫었을 뿐 아니라, 아닌 건 과감하게 아니라고 말해야 한다는 게 내 생각이었다.

선생님 때 없어진 걸 왜 저한테 그런가요?

라고 말했다.

그 후로 몇 년은 그 선배들의 구박에 직장생활이 쉽지 않았지만, 서로 건들지 않는 선에서 지냈다.

아마 내가 그때 고분고분 모범적인 후배였다면, 그 선배는 자기 마음대로 했을 것이다.

모범적인 직장생활과 모범생이 좋다고 하지만 나는 아니다.

아니, 그럴 성격이 되지 못했다.

내 삶을 타이트하게 남들처럼 맞추며 살기는 싫었다.

그렇게 결혼 전까지 내 마음대로 내가 하고 싶은 대로 살았다.

결혼 후 아이를 출산하면서부터 내 생활은 180도 바뀌었다.

아이 앞에서 하고 싶은 말을 할 수 없던 것이다.

내가 아이한테 조용히 좀 해…. 왜 이렇게 울어? 라고 하면 아이가 뭐라 생각하겠는가?

아이는 엄마를 보고 그대로 따라서 한다 는 걸 몸소 느꼈다.

한참 아이가 단어를 배울 때쯤, 그날따라 몸도 마음도 피곤해서 여유가 없었다.

아이에게 나도 모르게 에이, 라고 말했다.

그게 그대로 답습되어 몇 달이 지나도 에이 씨라고 하는 것이다.

엄마를 그대로 따라서 하는 아이를 볼 때마다 나 자신을 반성한다.

한번은 아이가 우유를 엎질러서 집안이 우유 바닥이 되었다.

보통 육아서에 나온 대로라면, 괜찮아, 그럴 수도 있지

라며 달래야 했다.

그런데 나도 모르게 아, 조심 좀 하지 왜 그랬어? 라고 혼냈다.

아이에게 걸레 갖고 와서 닦으라며 나무라자 아이는 눈물을 흘렸다.

그렇게 몇 년 후, 퇴근 후 집에 왔더니 바닥이 미끄러웠다.

아이는 우유를 엎질렀는데, 엄마한테 혼날까 봐 나름으로 열심히 닦았다는 걸 알았다.

아이에게 여유 있는 엄마가 돼야 했었는데,

아이에게 엄마가 모범적인 모습이 돼야 했었는데,

모범적인 엄마를 보고 아이는 그대로 답습하게 되어있다.

그 후로 나는 아이들 앞에서만큼은 엄마로서 최선의 모습을 보이려고 노력한다.

물론 완벽하지 않지만, 부족한 엄마가 노력하는 모습을 보이려 한다.

아이 눈에 엄마는 말만 하는 사람이 아니라 행동도 같이한다는 걸 말이다.

공부해라…. 라는 말보다 직접 엄마가 책을 보고.

왜 어질렀니…. 라는 말보다 같이 정리한다.

실수하더라도 웃으며 넘길 수 있도록 말이다.

그러기 위해서는 부단히 나를 가꾸고 다듬어야 한다.

부족한 인간이기에 때론 화도 나고 참을성도 부족하다.

하지만, 그럴수록 아이에게 노력하는 모습을 보여 준다.

사실 한때는 술을 좋아했다.

기분도 좋아질 뿐 아니라, 유일한 힐링이 되기도 했다.

그런데 아이의 눈에는 엄마는 주말마다 술 마시네…. 라고 비쳤다.

한번은 아이가 엄마는 술을 좋아하네.

또 마시네…. 라고 말했다.

아이 앞에서 나도 모르게 창피함이 느껴졌다.

습관적으로 술을 한잔 하는 게 아닐까? 라는 생각이 들었다.

허전함을 술로 달래는 내 모습을 직관한 것이다.

그 후 가급적 술보단 차를 마시려고 한다.

술 마시고 다음날 늦잠자고 숙취 해소하는 모습보단 향기로운 차와 독서하는 모습을 아이에게 보여주는 게 더 낫지 않을까?

엄마가 아이 앞에서 조금만 모범을 보인다면 아이 또한 엄마를 존경할 거라 생각한다.

나 역시 아이를 존중해주고 아이의 의견을 공감해 주려고 노력중이다.

아는 지인은 중학교 아들을 키우고 있다.

아침에 눈 뜨면 딱 두 마디만 한다고 했다.

일어나. 밥 먹어. 이러면 대화 끝이라는 것이다.

아이도 고개만 끄덕이고 끝이라는 것이다.

중학생만 되면 아이들은 더 엄마 말을 듣지 않는다.

아이들이 왜 이렇게 말을 안 듣나요? 라고 고민하지 말고 아이 앞에서 따뜻한 엄마가 되면 된다.

흔히 말하는 공감 말이다.

힘들지…. 그랬구나. 이런 말들을 한다면 아이가 엄마 말을 안 들을 이유가 없다.

쉽지 않겠지만 아이 앞에서만큼은 모범을 보여야 한다.

많은 대화가 아닌 한마디를 하더라도 따뜻함이 느껴지는 대화 말이다.

중학생이 된 우리 큰아들도 요즘 말이 없다.

사춘기가 온 아들에게 엄마는 오늘도 말없이 등 한번 토닥거렸다.

주말 시간은 황금 시간이다

평일에는 직장 다니랴, 아이들은 학교 다니랴, 너도나도 모두가 바쁘다.

저녁 식사 시간에 한자리에 모여서 밥 먹기가 여간 어렵다.

몇 번의 밥상을 차려야 모든 가족이 식사하게 된다.

그러다 보니 주말에는 가족 모두가 함께 있는 시간이다.

우리 집은 주말 이틀 중 하루는 무조건 가족 모두 함께 보내는 시간으로 정했다.

일주일 중 하루는 가족이 함께하는 시간이다.

아이들이 자랄수록 친구도 있고, 운동도 해야 하고 할 것이 많다.

우리 집은 그런 시간도 배려하지만, 주중에 최대한 많이 놀고 주말 하루는 가족과 보내는 시간으로 정했다.

그날만큼은 아이들도 엄마 아빠도 몸으로 놀기 아니면 대화를 많이 하려고 한다.

주말 시간을 잘 보낸다는 건 일주일을 보내기 위한 디딤돌이 되기도 한다.

대부분의 사람은 주말이 되기 전 불타는 금요일 불토를 신나게 보내지만, 우리는 주말을 신나게 보내려 한다.

한번은 아이들과 함께 좋은 카페에 갔다.

바다가 보이며, 풍경이 끝내줬다.

아이들이 좋아하는 음료와 내가 좋아하는 커피를 마시며 이 이야기 저 이야기 나눴다.

사실 주중에는 이렇게 대화를 나누기가 쉽지 않다.

일하는 엄마이기도 하고, 아이들 역시 바빠지기도 했다.

일주일 중 하루는 이렇게 여유를 부리며 아이들도 부모의 직장생활 이야기를 듣고, 부모도 아이들의 학교생활을 알 수 있다.

사실 이런 시간을 일부러 내지 않으면 같이 모여서 대화하기가 쉽지 않다.

특히 아이들이 자라면서부터는 더욱더 이런 시간을 낼 수가 없다.

그래서 우리는 일부러 일주일에 하루는 이 시간을 의무적으로 만들었다.

나 역시 직장에 있었던 고민을 아이들에게 솔직하게 털어놨다.

너라면 어떻게 할 거 같아?

엄마는 억울한데 말이야.

아이들도 어른들의 세계를 알면서 힘들게 돈 번다는 걸 알게 된다.

아이들은 내 직장 이야기를 흥미진진하게 들으며 재밌어한다.

우리 집은 이렇게 일주일에 한 번은 함께 한자리에 모이고 있다.

새로운 장소로 가기도 하고, 공원에서 돗자리 펴놓고 이야기하기도 한다.

아이들은 주말이 다가오면 이번에는 어디로 갈 거야?

전에 갔던 커피숍에서 먹었던 초콜릿 음료수 맛있던데.

내심 기대한다.

그 전날부터 나는 어디로 갈까? 고민한다.

한번은 색다른 경험을 하고 싶어서 아이들과 보드게임을 하는 곳을 갔다.

집에서 늘 하는 게임이지만 보드게임 커피숍에서 차도 마시고 게임도 즐겼다.

찻값은 지는 사람이 내는 거로 했고, 서로 엄마 아빠 편이 되었다.

즐겁게 이야기도 하고 게임도 하며 한나절을 보냈다.

한번은 무작정 낯선 동네에 있는 도서관을 찾아가기도 했다.

도시락도 간편한 초밥과 김밥으로 대충 가서 먹기도 했다.

일주일에 한 번은 무조건 가족들과 이야기도 나누고 차도 마시고 고민 상담도 했다.

일주일 내내 직장에, 학교에 지쳐있던 우리에게 이 시간만큼은 정말 소중했다.

아무 이야기를 하지 않아도, 때론 많은 이야기를 하더라도 가족이기에 다 이해를 했다.

요즘 신랑은 바쁜 직장 탓에 늘 야근을 한다.

주말도 직장에 반납한 채로 말이다.

그렇게 한 달, 두 달 주말 없이 살다 보니 말이 아니었다.

도대체 무엇 때문에, 누구를 위해서 이렇게 사는지 모르겠다는 것이다.

"주말에는 쉬겠습니다." 라는 말이 목젖까지 나왔을 것이다.

다만 가장으로서의 삶, 직장인으로서의 삶을 살아야 했기에 마냥 알겠습니다. 라고 대답했을 것이다.

사실 나의 경우는 신랑이 있기에 언제든지 직장을 그만둬도 된다.

한편으로 미안한 경우다.

듣기 싫은 소리를 듣거나, 부당한 일이 있으면 언제든지 뛰쳐나와도 되기 때문이다.

든든한 백이 있기에 말이다.

신랑은 그러지 못하기에 주말도 직장에 매여 있어야 했다.

그렇게 한 달 동안 주말 없이 살다 보니 어느 날 신랑은 워라밸의 중요성을 강조했다.

아무리 인정받고, 돈을 많이 벌어도 자신이 직장과 가정의 균형이 깨지면 아무 소용없다고 말이다.

지금 높은 지위에 있는 사람들, 성공한 사람들은 대부분 직장과 가정 중 하나를 선택했을 것이라고,

물론 운이 좋아 고속 승진하는 경우도 있겠지만, 아주 드물 거라고 했다.

이런 이야기를 들으면 참 씁쓸하다.

가장으로서의 무거운 짐을 지고 살아가는 거 같아서다.

그러지만 나는 자유롭다.

일한 때는 최선을 다하고 정시 퇴근을 할 수 있어서 말이다.

돈을 시간과 바꿀 수 없다는 게 내 생각이다.

여유의 중요성을 요즘 더욱더 느끼고 있다.

신랑을 보면서 말이다.

주말에는 자연에서 뛰놀고, 이야기도 하고, 한껏 여유도 즐길 수 있어야 한다는 게 내 생각이다.

자전거를 타며 여유를 느끼는 순간이 있는가?

파란 하늘을 보며 가을바람을 느껴본 적이 있는가?

기차를 타고 한적한 시골길을 가본 적이 있는가?

가족끼리 주말의 하루라도 함께 이런 시간을 갖기를 바라본다.

사실 나는 3D라는 간호사로서 주말 없이 몇 년을 일했다.

물론 주중에 보상이 주어지긴 했다.

주중에 혼자서 시간을 보내는 것도 나름 괜찮긴 하다.

하지만 더 좋은 건 가족과 함께 보내는 시간이다.

언제 아이들과 토닥토닥 말다툼해보겠는가?

주말에 나가면 우리 딸은 자신이 먹고 싶은 메뉴를 고른다.

나는 싫다고 한다.

날마다 똑같은 메뉴는 질린다고 말이다.

우리 집 남자들은 딸과 내가 싸우면 또 시작이야?

라는 반응이다.

둘이서 알아서 고르라며 말이다.

서로 의견충돌로 싸워도 이 순간이 즐겁다.

혼자서 먹고 싶고 마시고 싶은 건 언제든지 할 수 있기 때문이다.

이번 주는 딸이 좋아하는 초콜릿 음료를 시켜주고 싶다.

살찐다며 못 먹게 했더니, 알겠어…. 라고 시무룩하게 대답한다.

못된 엄마다.

주말은 내가 기다리는 최고의 날이다.

시간을 잘 쓰는 엄마가 되자

시간의 중요성은 누구나 잘 알고 있다.

알고는 있지만 실천하기는 더욱더 어렵다.

온종일 집안일 하는 엄마도, 일하는 워킹맘들도 모두가 치열한 하루를 산다. 사실 집안일 하는 전업 맘들은 누가 보면 세상에서 제일 편한 줄 안다.

내 지인도 전업맘 으로 집안일 하고, 반찬하고, 아이 하원 후 돌보다 보면 하루가 눈 깜짝할 새에 지나간다고 한다.

자신이 아파도 병원 갈 시간도 없다며 말이다.

하루는 퇴근한 신랑이 집에서 뭐 했어?

이 말이 너무 섭섭하다고 했다. 그날따라 몸살 기운이 있어서 아이들에게 치킨에 밥을 먹였더니 그런 말을 했다는 것이다.

집 밥하느라 늘 힘들었던 자신을 이해해주기는커녕 집에서 온종일 뭐했어? 라는 말이 되나는 거다.

그날 자신은 신랑 밥을 차려주다가 순간 울컥해서 길거리로 나가 버렸단다.

혼자 마시는 술로 마음을 달래고 싶으나 그 또한 용기가 없다고 말이다.

나 역시도 아이 셋을 케어 하면서 잠깐 집에서 전업 맘을 했다.

일할 때는 차마 몰랐다.

집에 온종일 남는 게 시간이려니 생각했다.

집에 있기에 오히려 아이들 반찬도 신경 써야 했고, 집 안 청소도 시간이 더 걸렸다.

그뿐만 아니라 하루가 멀다고 대청소를 했다.

그러다 보니 워킹 맘 못지않게 전업 맘도 할 일이 많았다.

집에 있는데, 깨라도 볶아서 먹여야지…. 요즘 장아찌 맛있다던데 장아찌라도 담아야지.

반찬도 나물 몇 가지 해야지…. 등등 머릿속의 온통 반찬 걱정이 떠나지 않는다.

일할 때는 이런 신경을 쓸 시간조차 없으니 대충 먹고, 청소도 대충 했다.

전업 맘들이 오히려 바쁜 이유다.

신랑은 이런 상황을 알 리 없으니 온종일 뭐 했냐는 말이 나오고, 말이다.

전업 맘, 워킹 맘 할 것 없이 우리는 시간을 알뜰하게 써야 한다. 전업 맘들도 집안일로 시간을 다 쓰지 않도록 배분해야 한다.

워킹 맘들 또한 회사 일이 자기 인생의 최대인 양 생각해서는 안 된다.

회사에서는 회사일 집에서는 집안일을 생각해야 한다.

한때는 병원에서 최선을 다해 일했다.

즉, 위에서 시키면 무조건 해야 했다. 예를 들어, 퇴근 시간이 지나도 환자가 많으면 그 뒤 업무까지 도와줬다.

퇴근 후 교육이다. 회식이다 다 참석했다.

휴일에는 교육을 쫓아다니다시피 했다.

이런 게 잘못된 건 아니지만, 돌아보면 굳이 하지 않아도 될 일까지 했다.

아무도 알아주지 않는데 말이다.

중요한 걸 놓치고 살았다는 생각이 든다.

주말에는 아이들과 시간을 보내야 하는데, 병원에서는 주말에도 교육받으러 타 병원으로 다녀오라고 했다.

물론 업무와 관련됐기에 도움은 될 꺼라 생각한다.

왕복 3시간을 타고 새벽부터 오후까지 교육을 받고 저녁 늦게 집에 돌아왔다.

이런 상황이 반복되자, 서서히 지쳐갔다.

시간을 잘 분배해야 하는데.

직장인들은 상사의 눈치에 선배의 눈치에 거절을 못 한다.

거절했다가는 그다음부터 얼음장 같은 길을 걸어야 하기 때문이다.

내 시간을 남에게 빼앗긴 후부터는 과연 내 시간을 왜 없지? 라고 생각한다. 그래서 나는 교육가라고 하면 무조건 " 네 "라고 복종하지 않는다.

예를 들어 나에게 꼭 필요하고, 지금 당장 써먹을 수 있는 건 참석했다. 다만 형식적인 인원 채우기나, 도움이 되지 않는 교육 등은 거절했다.

처음에는 찍힐까 봐 소심했지만, 몇 년의 직장생활을 하다 보니 내가 우선이라는 걸 알았다.

그날 일이 있어서 못 가겠습니다. 그렇게 말하고 나면 내 뒤통수가 따갑다. 하지만 며칠만 어색한 분위기만 견디면 다시는 나에게 말하지 않는다.

쓸데없는 회식에, 쓸데없는 교육은 단호히 거절한다. 남들은 회식에 교육에 다 쫓아다니지만, 나는 내 시간까지 남에게 뺏기기는 싫었다.

물론 좋은 강의나 공연은 잘 찾아다닌다.

왜냐면 내 마음의 근육을 강화하고, 나를 힐링할 수 있는 계기가 되기 때문이다. 그게 아니라면 끌려가는 교육, 억지로 가는 교육은 아무 쓸모가 없다. 그 시간에 책을 읽거나 나 자신을 위해 내 마음을 달래는 시간으로 보낸다.

물론 주말은 아이들과 함께 시간을 보내고 말이다. 그래야 나중에 아이들과의 추억, 나와의 추억이 많을 것 같아서다.

직장에만 메여서, 가정을 소홀히 하면 나중에 퇴사하고 나서는 후회만 이 남는다.

퇴사 후 그 직장에 대한 평가를 좋게 하는 사람을 한 명도 만나지 못했다.

이 직장은 문제가 많아.

절대 변화하지 못할 거야.

발전하지 못하게 되어 있어.

늘 불만 소리만 가득하다.

내가 여기서 견디는 세월이 아깝다…. 부터 직장이 있던 이 동네에 발도 붙이기 싫다. 그런 직장에 목메 시간을 보내면 누가 알아주는가?

퇴사하면 끝인 걸 말이다.

물론 좋은 인연으로 유지되면 좋겠지만, 내 경험상 아주 드물다.

그러니 나도 직장에 근무할 때는 최선을…. 후에는 나를 위해 시간을 쓰고 있다. 나중에 퇴사해서도 후회하지 않도록 말이다.

전업 맘들도 일을 루틴화해서 자신을 위한 시간을 잘 보내야 한다. 후에 기회가 왔을 때 빨리 잡을 수 있도록 말이다.

아는 후배는 집에서 아이를 기관에 보낸 후 강의를 듣고, 공부하는 시간으로 3년을 보냈다.

3년 후 국가 공무원으로 합격했다.

남들이 집에서 놀 시간에 후배는 죽기 살기로 5시간씩 매일 공부했다.

아이가 없는 시간을 최대한 활용한 것이다.

그렇게 지금은 공무원이라는 신분을 갖게 되었다.

무슨 일이든 준비가 되어 있어야 한다.

아무것도 하지 않고 시간만 보내면 기회가 왔을 때, 내 것이 되지 못한다.

나이 먹어서 해서 뭐해…. 라는 핑계를 대고 있지 말고 지금 하고 싶은 일을 빨리해야 한다.

공부면 공부, 만들기면 만들기, 운동이면 운동으로 말이다.

내 친구는 운동으로 자신의 몸을 탄력 있게 가꿔서 자신의 블로그에 수시로 운동하는 자신의 모습을 올렸다.

지금은 아줌마 모델이 되어서 열심히 살고 있다.

뭐든지 시작하면 기회는 오기 마련이다. 물론 쉽지는 않겠지만 말이다.

아무것도 하지 않고 시간을 보내는 사람보다는 더 빨리 기회를 잡을 수 있을 것이다.

그러니 지금 당장 시간을 잘 활용해 보자.

아이는 엄마의 뒷모습을 보고 자란다

일하는 엄마들은 아이들에게 미안한 마음이 많다.

다른 아이들처럼 함께 시간을 보내지 못해서.

늘 빨리하라고 소리쳐서.

아이를 학원으로 뺑뺑이 돌려서.

유치원 종일반으로 혼자 남게 해서.

나도 아이 셋을 키우며 워킹 맘으로 살다 보니 그 마음을 잘 안다.

유치원에서도 마지막까지 엄마만 기다리고 있고,

학교 들어가서 참여 수업도 제대로 참석하지 못했다.

하루는 우리 딸이 참여 수업 때 다른 엄마들은 다 와서 함께 수업하는데, 엄마는 오지 않아서 옆에 다른 엄마가 도와줬다고 했다.

미안한 마음에 엄마가 미안하다고 말했다.

며칠 후 큰아이도 엄마 참여 수업한대요. 라며 안내장을 내밀었다.

그러자 우리 딸이 오빠, 엄마 못 갈 거야.

나 때도 못 왔는데, 오빠한테 가겠어?

괜찮아…. 나도 옆에 모르는 엄마가 도와줬어…. 라고 이야기했다.

한편으로는 미안하면서 한편으로는 엄마의 마음을 꿰뚫어 보고 있는지 의아했다.

아이 셋을 키우면서 아이의 학교 행사, 유치원 행사를 참여하지 못한 게 제일 가슴 아팠다.

한번은 신랑이 휴가 내서 아이의 행사에 동행했다.

친하게 지낸 딸의 친구 엄마는 우리 신랑에게 조심스레 물어봤단다.

혹시…. 엄마가 안 계시나요…. 라고

그날 신랑은 집에 온 나에게 웃으며 이야기했지만, 나는 한편으로 씁쓸했다.

연차 내고 가면 되는데.

그놈의 책임감이 뭔지.

내가 없어도 직장은…. 세상은 잘도 돌아가는데.

왜 이렇게 살아야 하지?

질문하고 또 질문했다.

그렇게 몇 년이 흐르자 아이들은 안내문을 가져오면서 엄마, 참여 수업은 안 와도 돼요.

엄마, 소풍 갈 때 김밥 안 싸줘도 돼요…. 라고 말한다.

대신 시간 날 때마다 나는 아이들을 위해 최선을 다한다.

그러면서 내가 느낀 것이 있다.

아이들은 엄마의 뒷모습을 보고 자란다는 것이다.

엄마가 모든 행사를 참석하고, 적극적으로 아이를 위해 시간을 쓰는 것도 좋겠지만, 나는 보석처럼 아이를 감싸고 싶지 않다.

아이들은 엄마의 뒷모습을 보면서 엄마 오늘도 일하러 가네.

주말에도 쉬지 못하네.

엄마 힘내…. 라고 이야기한다.

그러면서 자기 할 일도 스스로 하고, 집안일도 도와준다.

이렇게 되기까지 쉽진 않았지만, 가장 중요한 건 엄마가 아이를 믿었기 때문이다.

엄마가 열심히 살아가는 모습, 최선을 다하는 모습을 보면서 아이도 엄마를 믿는다.

일하는 엄마들은 아이를 맡길 때가 없어서 학원으로 뺑뺑이를 돌릴 수밖에 없다.

학교 돌봄 교실이 치열해서 들어갈 수가 없기 때문이다.

나 역시도 같은 고민을 했다.

아이를 학원으로 돌려야 하나? 그러기엔 비용도 비쌌고 아이가 지칠 거 같았다.

그러다가 아이가 스스로 집에 와서 씻고 간식 먹을 수 있도록 지도하자 어느 날부터 혼자서 하게 되었다.

물론 시행착오는 있었다.

아파트 들어오는 입구 비밀번호를 잊어버려서 놀이터에서 내가 퇴근할 때까지 있는 적도 있다.

미안한 마음이 들었지만, 그 계기로 비밀번호를 완벽하게 암기했다.

한번은 얼마나 배가 고팠는지, 냉장고에서 김치를 꺼내서 김에 싸서 밥을 먹고 있었다.

엄마 힘들까 봐 설거지통에 그릇도 정리해 놨다.

혼자서 할 수 있는 일들이 하나씩 늘었다.

엊그제까지 이유식을 해서 먹이고, 기저귀를 차고 다녔던 아이가, 스스로 밥을 차려서 먹다니…….

그래서 일부러 나는 아이들에게 많은 것을 채워주지 않는다.

아이들 스스로 해보도록 말이다.

아이에게 여유를 주어야 아이가 스스로 뭔가를 하게 된다.

며칠 전에는 퇴근 시간을 조금 넘겨서 집에 왔다.

이래저래 늦어서 후다닥 집으로 들어갔더니 아이들끼리 밥버거를 만들고 있었다.

큰아이가 가스 불을 켜서 스팸을 굽고 있고, 작은딸이 치즈를 자르고 있고, 막내아들이 밥에 김 가루를 붓고 있었다.

얼마나 귀여운지.

배가 많이 고팠나 보다.

엄마가 만들어 준 대로 따라서 잘도 만들었다.

가르쳐 주지 않았는데도 말이다.

자신들이 만든 음식은 맛이 없어도 잘 먹는다.

내 입맛에는 짜고 싱겁고 난리지만, 아이들 입맛에는 세상 어떤 음식보다 맛있나 보다.

퇴근 후 발 동동 구르며 빨리 갈려고 애쓴 시간도 있었지만, 지금은 여유롭다.

아이들이 알아서 하고 있을 꺼라 믿기기 때문이다.

남들과 비교해서 턱없이 못 해주지만, 나는 아이들 스스로 독립심을, 자립심을 키워준다.

뭐든지 혼자 해봐. 스스로 해봐.

엄마가 할 일은 기다려 주고 잔소리하지 않으면 된다.

여유 있는 엄마가 여유 있는 아이를 키운다는 걸 경험으로 익혔다.

나 역시도 워킹맘이다 보니 늘 입에 빨리 빨리를 달고 산다.

뒤돌아서서 학교 가는 아이의 모습을 보며 미안해진다.

누구를 위해 이렇게 사는가 싶어서 말이다.

부족한 엄마지만 나는 오늘도 노력한다.

내 뒷모습이 아이들에게 당당하도록 말이다.

늘 노력하는 엄마가 되어야 한다

무슨 일이든 잘하는 사람들이 있다.

요리면 요리, 일이면 일, 내조면 내조, 못하는 게 없는 사람들 말이다.

주위에 이런 사람들이 있으면 비교가 된다.

괜히 나만 못하고 있는 거 같아서 말이다.

쉬는 날 커피숍에 앉아서 책을 읽고 있는데, 옆 테이블에서 엄마들이 모여 있었다.

한 분의 엄마가 자기 아들의 교육에 대해서 열강을 하는 중이었다.

방학 때 서울 강남구 대치동 가서 공부하고 왔다는 등, 박물관도 견학 시켜야 한다는 등…….

요즘 비행기 타고 서울 갔다 오는 거 쉽게 할 수 있는데, 이 정도 노력도 안 하냐는 등 말이다.

4~5명의 엄마는 그 엄마를 쳐다보면서 대단하다는 표정으로 이야기를 듣고 있었다.

마치 그 엄마를 따라 하고픈 부러움을 한가득 안고 말이다.

엄마들은 언니는 못 하는 게 뭐에요? 라며 한술 더 뛰어주자, 그 엄마는 다음 화젯거리로 남편 이야기를 한다.

이번에 회사에서 보너스가 얼마 나왔는데, 명품 가방 하나 사주더라.

차라리 돈으로 주지…. 라는 농담으로 섞어서 말이다.

우리는 모두 다른 환경에 살아간다.

다만 좋은 환경에서의 시작은 남들의 부러움을 사기도 하지만 말이다.

우리가 착각하는 한 가지는 그 부러움이 영원히 함께 할 거라 생각한다.

상황은 언제나 역전될 수 있지만 말이다.

당장 눈에 보이지 않기에 늘 좋은 사람들, 부러운 사람들만 주위에 있는 착각을 불러일으킨다.

내 직장 동료도 후배들에게 늘 이렇게 이야기한다.

맨땅에 헤딩하고 싶니?

그러고 싶지 않거든 잘 따져보고 결혼해.

아무것도 없는 집에 가서 고생만 하지 말고,

현명한 여자는 맨땅에 헤딩하지 않는다.

이런 말을 후배들은 맞다고 생각한다.

나는 차마 꼭 그러지는 않아…. 라고 말하고 싶지만, 입이 떨어지지 않았다.

아무것도 없는 집에 가서 열심히 사는 사람도 있는데 라고 마음속으로 생각했다.

그렇지만, 노력하지 않고 얻은 결실은 오래가지 못한다.

엄마들 사이에서 아무리 자신의 환경을 자랑하고, 배경을 내세우더라도 자신의 노력이 첨가되지 않으면 그때뿐이다.

엄마가 공부 잘하게 하기 위해 대치동을 데리고 갔다.

돈과 시간을 소비했지만 좋아 보이지 않는다.

엄마는 아이의 꽁무니만 따라다니는 사람인가?

아이가 행복할까?

아이가 마음에서 우러나와서 공부했을까?

엄마의 욕심이지 않을까?

아이의 성적이 올라갔을까?

그걸 또 내세우는 엄마의 모습을 다른 사람들이 부러워한다.

남들에게 보여주기 위해 너나 할 것 없이 자랑질을 한다.

내가 말한 엄마의 노력이란 것은 아이가 행복하기 위해서, 엄마가 행복하기 위해서 하는 노력을 말한다.

누군가에게 이야기하고 내세우기 위한 노력이 아니란 말이다.

맨땅에 헤딩하고 튄 공은 높이 오르기라도 한다.

하지만, 맨땅이 뭔 줄 모르고 튀기만 한 공은 바람이 빠지면 깊은 구덩이로 빠질 수가 있다.

늘 노력하는 엄마라는 건, 나 자신의 내면을 위해 노력하라는 것이다.
인생 어떻게 될지 아무도 모른다.
지금 잘산다고 영원히 잘 살라는 법은 없다.
껍데기만 화려하면 뭐 하나?
내면은 텅 비었는데.

나 역시도 나의 내면을 찾지 못하고 방황하는 시간이 많았기 때문이다.
직장생활 하면서 내 내면을 찾을 시간과 여유가 어디 있었겠는가?
행여라도 그러면 이기적이다, 직장생활 못 하네 라는 평가를 받기 때문이다.
우리는 직장생활을 하면서 늘 남의 눈치를 보고, 남의 평가와 잣대로 나를 대해왔다.
직장에서도 내 색깔을 드러내기라도 하면, 개성이 너무 강하다, 자기 주장이 강하다고 말한다.
흰색으로 살기엔 직장생활은 무미건조한데 말이다.
남의 평가와 잣대에 지나친 신경을 쓰지 않는 것이, 나를 위한 길임을 알았다.
직장생활 18년 동안 말이다.
늘 노력하는 사람은 언제나 나를 위해 발전하는 사람이라 생각한다.
남을 위해 발전하는 게 아니다.
오로지 나를 위해서다.

나 역시 승진을 위해 인정받기 위해 부단히 애썼다.

어느 순간 이런 게 행복의 우선순위가 아님을 알았다.

내 감정대로 살아야 하는데, 그 감정을 꼭꼭 숨겼으니 말이다.

아이들에게도 엄마가 힘들면 힘든 그대로의 모습을 보이고, 신랑에게도 이야기한다.

여보, 직장생활이 힘들어..

자기나 잘하면 될 것을 왜 남의 일에 참견하지?

부정적인 에너지 탓에 오늘은 마음이 무거워.

긍정적인 에너지를 얻고 싶은데 말이야.

그리고 나의 내면을 하루하루 들여다본다.

어제의 나보다 더 발전되기 위해서 말이다.

직장에서도 마찬가지로 부당한 일이나, 억울한 일은 참지 않는다.

참을 때가 있고 나서야 할 때를 잘 분별한다.

최근엔 내 아이디어를 자기가 한 것처럼 말하는 동료에게 한마디 말했다.

너무 뻔뻔한 거 아니냐고 말이다.

남 잘되는 꼴을 못 보는 동료가 얄미워서 내 감정을 고스란히 말해버렸다.

물론 후회도 되긴 하지만 나는 이제 숨기지 않으려고 한다.

한 두 번은 참지만 잘못된 행동을 반복하면 당당하게 말한다.

내 감정 건드리지 말라고 말이다.

그러지 않으면 내 마음에 할퀸 자국만 남아서 억울한 순간이 온다.

그런 순간을 맞이하지 않기 위해 오늘도 나의 내면을 살핀다.

그리고 참아야 할 때와 참지 말아야 할 때를 잘 구별한다.

이상하게 사람은 착하고 순한 사람을 호구라고 생각하며 덤비는 사람이 있다.

그런 사람에게는 따끔한 맛을 보여줄 필요가 있다.

나의 감정을 속이며 언제까지 억지웃음을 지을 필요는 없다는 말이다.

내 감정에 충실하고 나의 내면을 살피며 살아야 나는 더 행복한 삶을 살 수 있다.

오늘도 나는 노력한다.

내면이 성숙한 사람이 되기 위해서 말이다.

제5장

책을 보는 아이는 세상을 볼 줄 안다

책을 좋아하는 아이는 공부를 잘한다

학교에서 설문지를 가지고 왔다.

학원을 몇 개 다니는지, 학원비는 어느 정도 드는지 조사하는 설문이었다.

요즘 아이들은 학원 3~4개씩은 기본으로 다닌다.

적어도 100만 원 정도는 학원비로 쓰는 듯하다.

물론 많게 보내는 집도 많겠지만 말이다.

직장 동료도 외동아들에게 쓰는 돈이 월급보다 많았다.

영어, 수학, 논술, 그리고 한국사까지

나머지는 태권도,

예체능도 해야 한다며 피아노까지 보낸다.

주말에도 아이 데리고 과외 시키고 왔다며 기사 노릇 하느라 바빴다고 이야기한다.

나는 설문지를 읽고는 쓸 게 없었다.

우리 아이들의 사교육비가 들지 않았기 때문이다.

막내는 최근 줄넘기 학원을 등록 했다.

그거 빼고는 쓸 게 없었다.

한번은 서점에 갔는데 아이들 문제집 종류가 엄청 많았다.

사교육 대신 문제집 몇 권을 사서 아이에게 선물이라고 줬다.

아이는 시간 날 때 한 번씩 풀겠다고 했다.

그렇게 며칠이 지나도 아이는 문제집 한번 들춰보지 않았다.

대신 서점에서 골라온 판타지 소설에 푹 빠져있었다.

판타지 소설책을 사달라고 했을 때 잠시 고민도 했지만, 과감하게 시리즈로 사줬다.

아니나 다를까 문제집은 던져두고 판타지 소설책만 봤다.

너 문제집 안 풀 거야?

라고 한마디 하고 싶었지만 차마 입이 떨어지지 않았다.

그렇게 2주 동안 판타지 소설책을 다 읽은 후에야 아이는 내가 사준 문제집을 풀었다.

독해력 국어 문제집이었는데, 지문의 내용이 어려웠다.

아이는 다 풀었다며 채점을 매달라고 했고, 나는 채점을 매면서 내심 놀랬다.

다 맞지는 않았지만 나름 잘했기 때문이다.

독서를 평소에 했던 덕분에 장문의 내용도 쉽게 이해를 하는 듯 보였다.

내가 풀어도 어려운 문제라 생각했는데 내심 국어는 책만 잘 읽어도 되겠다 싶었다.

큰아들은 이번에 반 배치 모의고사에서 1등을 했다.

자랑하려고 한 건 아니고, 아이 말로는 사회가 어려웠는데 한국사 만화책에서 봤던 내용이 나왔다고 이야기했다.

독서만 해도 기본 공부는 잘할 수 있다는 게 내 생각이다.

물론 1등을 할 수는 없겠지만, 나는 1등이 중요한 게 아니라고 생각한다.

장기적으로 멀리 보는 학습을 해야 한다.

사실 가까운 내 사촌을 보더라도 그렇다.

맞벌이해서 학원에 쏟아부었는데, 대학은 지방대를 갔다.

학원이라는 곳은 당장은 잘하게 할인지는 몰라도, 긴 시간을 다 책임지지는 못한다.

왜냐하면 공부라는 건 마라톤과 같기 때문이다.

고 3까지 엄마가 부지런히 사교육에 올인하고 아이가 엄마 말을 잘 듣는다면 모를까.

아이들은 자라면서 자기 생각과 고집이 세지기 때문에 엄마 마음대로 할 수가 없다.

그럴 때 엄마가 강하게 사교육을 밀고 고집한다면 아이는 공부를 포기할지도 모른다.

눈앞의 당장 보이는 것만 보지 말고 멀리 크게 봐야 한다.

나는 그 첫걸음이 독서라고 말하고 싶다.

책을 통해 어휘가 풍부해지고, 이해력도 높일 수 있고, 무엇보다 집중력이 강해진다.

남들이 다 보내는 논술 수업, 사고력 수업에 휩쓸려서 무조건 보내지 말고 장기적으로 긴 안목을 들여다볼 줄 알아야 한다.

이제는 단답형 문제보단 서술형 장문형 문제가 많다.

책만 잘 읽고 흥미를 붙인다면 아이는 충분히 잘 할 수 있다.

뭐든 흥미 있게 재밌게 접근해야 계속하고 싶어진다.

영어만 봐도 그렇다.

나는 영어를 초등 5학년까지 시키지도 않았고 우리 아이들은 혼자 영어 못 읽는다며 걱정했다.

기초도 모르고 학원도 다니지 않았기에 파닉스조차 몰랐다.

나는 그때부터 가장 쉬운 영어책 한 권으로 아이에게 읽어줬다.

그렇게 원서로 영어를 가르치고 나니 1년 후에는 쉬운 영어책은 다 읽었다.

초등 6학년이 되자, 학원 다니는 아이들과 별반 다를 거 없이 평범한 수준이 되었다.

나는 아마 독서의 힘이라고 생각한다.

한글 독서를 많이 읽었던 터라 영어도 쉽게 읽고 터득했을 거란 말이다.

물론 영어 단어는 남들보다 많이 알지 못한다.

그래도 걱정하지 않는다.

책을 통해 흐름을 알고 자연스레 익히는 게 더 나을 꺼라 기대하면서 말이다.

내 친구는 아이가 영어 유치원을 나와서 지금까지 영어만 6년 넘게 공부했다.

좋다는 학원에서 단계별로 밟고 지금 초등 6학년에 중학교 수준의 영어를 한다고 했다.

영어 단어도 많이 알고, 문법도 잘 알아서 시험 보면 잘 본다고 했지만, 독해는 실력이 늘지 않는다며 걱정을 했다.

평소에 독서를 하지 않았던 터라 전반적인 내용을 이해하지 못한다는 것이다.

해석은 되는데 책 내용을 이해 못 한다는 건 독서가 부족한 탓이다.

우리 아이는 이와 반대다.

단어는 잘 모르는 게 많다.

대신 다 읽고 나면 내용은 대충 파악한다.

독서를 평소에 많이 한 아이라면 독해 정도는 문제없다는 게 내 생각이다.

물론 시험은 문법과 단어 문제가 많이 나오기에 오답확률이 높겠지만 말이다.

나는 시험이 중요한 게 아니라 아이가 영어를 재밌게 공부하기를 바란다.

오늘도 영어 원서 책 어린 왕자를 읽는다.

싫증 느끼는 공부보단 책을 통해 자연스레 공부하는 게 더 값질 꺼라 믿는다.

눈앞의 성적에만 집착하지 말기를 바란다.

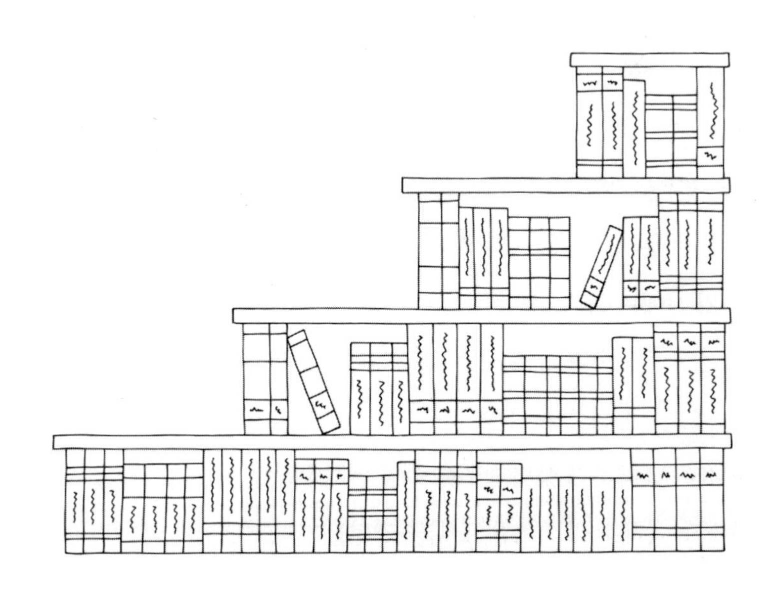

책으로 세상을 읽는다

요즘 같은 날씨에는 어디든지 떠나고픈 마음이 든다.

육아로 인한 스트레스 인지, 직장에 지친 건지, 똑같은 삶에 변화가 필요한 건지.

늘 어디론가 가야 하고픈 마음이 든다.

2년 전 우리 가족은 베트남을 9박 10일로 다녀왔고 1년 전 코로나가 터지기 전에는 세부로 4박 6일 다녀왔다.

그 전에 국내 여행으로 제주도뿐 아니라 강원도까지 서슴지 않고 다녔다.

시간이 날 때마다 삶의 활력을 주기 위해 무작정 떠났다.

여행을 통해 우리 가족은 또 다른 경험을 한다.

여행을 다니면서 세상을 보고, 새로운 경험을 하면서 세상은 넓다는 걸 직접 눈으로 보고 배운다.

아이들은 책을 통해 봤던 걸 직접 눈으로 보며 즐거워한다.

아이가 자랄수록 학교를 빠지고 여행 가기가 쉽진 않지만 틈만 나면 어디론가 떠나고 싶다.

가슴이 답답할 때면 세계여행책을 보면서 언젠가 꼭 가고야 말 거라고 다짐한다.

내가 가보지 못한 미지의 세계를 가는 상상만 해도 즐겁다.

요즘은 책을 읽다가 남이 다녀와서 적어놓은 블로그나 기록 등을 많이 본다.

내가 직접 가보지 못한 나라들을 간접 경험 하면서 나름대로 계획을 세운다.

여행을 통해 나는 내가 사소한 것을 붙잡고 작은 것에 신경을 쓰고 산다는 걸 많이 느낀다.

그래서 때론 새로운 곳으로 한 번씩 떠나는 걸 좋아한다.

물론 책으로 자료 수집을 한 후에 말이다.

내가 그 나라에 대해 알고 문화에 대해 알고 가면 즐거움은 배가 된다.

우리나라도 유명한 관광지나 명소 등은 책을 통해 자료를 모으고 계획을 세운 후 떠나면 시간 절약을 할 수 있다.

요즘은 코로나로 여행 한번 못했지만, 이럴수록 책을 통해 세상을 알고 익히는 중이다.

훗날을 위해서 말이다.

우리 아이들 역시 한 번씩 유럽 책을 보면서 미래에 꼭 가고 싶은 곳이라고 지목한다.

지구 반대편에 또 다른 곳에서 살아가는 그들의 삶이 몹시 궁금하기도 하나 보다.

요즘은 막내가 세계 책에 관심을 두기 시작했다.

최근에 아프리카 책을 가져와서 읽더니, 엄마 아프리카는 정말 못사는 나라인가 봐.

왜? 라고 묻자 우리가 버린 음식쓰레기 같은 음식을 먹더라.

우리는 배불러서 음식을 남기는데 말이야.

그래서 우리나라의 신부님이 거기 가서 어려운 사람들을 도와줬대,

라며 이야기했다.

아이들은 그 나라에 가보지 않더라도 책을 통해 그 나라의 아이들을 만날 수 있는 것이다.

독일은 숲 놀이터가 있대.

아이들이 유치원에 가는 게 아니라 숲 놀이터에서 온종일 뛰어논다고 해

나도 유치원 안 다니고 이렇게 놀고 싶은데.

나중에 독일 한번 가보고 싶다.

아이들 역시 책을 통해 세상을 배운다.

그러면서 견문이 넓어진다.

책을 읽지 않았다면 이렇게 다른 나라에 관심을 가졌을까?

호기심을 가지고 책을 보고 여행까지 한다면 정말 환상적인 조합이 될 꺼라 생각한다.

아이들이 좁은 세상에 갇혀 살지 않기를 바란다.

요즘은 마음만 먹으면 어디든 갈 수가 있다.

평일 공항은 사람들로 북적인다.

우리 어렸을 때는 그 흔하다는 펜션 조차도 가 본 기억이 없다.

어린이날 대공원에서 놀이 공원 가는 게 최고의 선물이었다.

그에 반해 요즘 아이들은 해외여행 가는 게 일상이 됐다.

우리 아이들 반 친구들도 보면 해외 여행 가서 결석했다는 이야기가 들린다.

부모의 직장으로 인해 장시간 해외에 머무르는 아이들도 있었다.

정말 좋은 기회라는 생각이 들었다.

우리도 아이 셋을 육아하며 일하다 보니 해외여행 가는 게 쉽지는 않았다.

시간적인 여유가 없었을 뿐 아니라 경제적인 여유도 없었다.

아이들이 크면서 우리는 조금씩 여행 경비 적금을 넣고 있다.

국내 여행 뿐 아니라 동남 아시아 여행을 가기 위해서다.

작은 비용으로 효율적인 여행 계획을 세워서 실행에 옮긴다.

마냥 놀고 먹는 편한 여행은 아니다.

아이들은 직접 자신의 짐을 지고 산도 오르고, 3분 카레로 대충 한끼

떼우기도 한다.

한번은 저렴한 숙박시설을 예약한 탓에 따뜻한 물이 나오지를 않아서 추위에 덜덜 떨기도 했다.

아침 조식이라곤 밋밋한 바게트에 달걀이 전부였다.

그 당시에는 불평을 했지만, 이것 또한 추억으로 자리 잡았다.

아이들은 지금도 베트남에서 14시간동안 버스안에서 자면서 이동한 일들을 이야기 한다.

고생한 만큼 추억은 배가 되었다.

무이네라는 곳에서 먹었던 망고, 냐짱에서 먹었던 분자, 호이안에서 먹었던 반미 등은 몇 년이 지난 지금도 이야기 한다.

이런 경험을 어디서 배우겠는가?

책과 여행은 우리 인생에서 가장 중요한 삶의 활력소가 된다.

그 후 우리는 필리핀 여행을 하면서 베트남과 또 다른 경험을 했다.

호핑 투어를 하면서 바닷속의 물고기를 보며 아이들은 지금도 책을 가져와서 이야기한다.

책을 통해 아이들의 상상 나래를 펼치고 여행을 통해 직접 경험한 세상은 그 무엇보다 값진 경험이 되었다.

가고 싶은 나라가 있는가?

오늘 당장 책을 통해 세상을 미리 경험해보자.

우리에게 힐링의 시간이 될 것이다.

긍정적인 아이가 되는 지름길은 독서다

나는 요즘 아이들이 사용하는 언어를 알아듣지 못할 때가 많다.

줄임말을 하는 경우가 다반사고, 때론 서슴지 않고 나쁜 말도 사용한다.

신호등 앞에서 중학생쯤 되어 보이는 아이들의 대화 내용은 가관이다.

오늘 개 추워.

열나 라면 먹고 싶어.

존맛탱.

나는 무슨 말인가?

궁금했다.

집에 와서 물어보니 개 추워는 아주 춥다는 뜻이고, 열나는 엄청나게 하는 뜻이라고 했다.

존맛탱은 존나 맛있다??

비속어를 아무렇지 않게 쓰는 모습이 좋아 보이지 않았다.

세상이 변했다지만 언어도 변했다.

예쁜 말을 두고 왜 나쁜 말을 하는지.

이해가 되질 않았다.

아이들의 세계가 있으니 내가 뭐라 말 못 하겠지만 아이들이 좋은 언어, 긍정적인 생각, 밝은 표정을 지녔으면 좋겠다.

나 역시도 부족한 사람이라 한 번씩 부정적으로 생각할 때가 있다.

아이 셋이라고 했더니 직장동료가 교육비 장난 아니겠네.

물려받은 재산이라도 있나…? 라며 이야기했다.

걱정해주는 말투가 아닌 약간 놀린 듯한 말투로 느껴졌다.

순간 이 사람 왜 이러지? 라며 미워질 정도였다.

사교육 안 시켜요…. 라며 단호하게 이야기하고 나왔지만, 한편으론 내가 너무 예민했나?

혼자 부정적으로 생각하고 동료를 미워했나? 싶었다.

한 명 낳아 이것저것 다 시키는 것에 비하면 우리 애들은 많은 혜택을 못 받는 게 사실이다.

최근에 미술 퍼포먼스 원데이 클래스 수업이 있길래 알아봤는데 포기했다.

하루만 하는 수업 이길래 신청해 주려고 했더니 가격이 비쌌다.

주말에 50분 수업하는데 4만 원이라고 했다.

옆에서 커피숍도 같이 운영한다면서 엄마는 커피 마시면서 기다리라고 했다.

순간 한 명이 4만 원이면 3명이면 12만 원?

한 시간도 채 안 되는 수업이 4만 원이라니.

커피값도 내야 할 텐데.

안 되겠다 그냥 공원 가서 자전거 타는 게 낫겠다. 는 결론을 내렸다.

그뿐만 아니라 우리 집 앞에 새로 생긴 사고력 수학 학원이 생겼다.

엄마들이 가장 선호하는 곳이다.

이곳 수업료는 하루 1시간에 4만 원 한 달에 16만 원이었다.

1시간 배워서는 짧다고 일주일에 2번은 가야 한다고 말했다.

그러면 32만 원이 되는 것이다.

물론 아이가 한 명이다는 가정하에 말이다.

우리 집으로 계산하면 세 명 아이를 학원 한 개만 보내도 100만 원이 훌쩍 넘어간다.

동료의 말대로 교육비가 장난 아닐 수밖에 없다.

다만 사교육을 시키지 않기에 나는 저축을 할 수 있긴 하다.

내가 왜 독서 교육을 중요시하는지 알겠는가?

경제적인 뒷받침이 부족해서이기도 하지만, 무엇보다 돈으로 학원을 보내면 아이는 그 순간부터 엄마의 껌딱지가 된다.

학교 등원부터 학원 마칠 때까지 온종일 엄마가 아이의 스케줄을 관리한다.

자연스레 아이들은 엄마만 졸졸 따라다니거나, 그다음에는 어디 가야 해? 라고 묻는다.

한번은 공원에서 초등학생 아이가 엄마와 통화한 내용을 들었다.

일부러 들으려고 하는 건 아니었는데, 아이의 목소리에 피곤함이 묻어나서 나도 모르게 귀가 쫑긋했다.

초등학생 2학년 정도로 되어 보였다.

엄마, 학교 끝나고 친구랑 공원에서 놀고 있는데, 수학 학원 빠지고 그다음에 수영으로 바로 가면 안 돼?

엄마가 안 된다고 한 모양이다.

왜? 왜 안 되는데?

수영 가고 그다음에 영어는 갈게 응?

이런다.

옆의 친구가 있어서인지, 수학학원이 재미없어서인지는 잘 모르겠으나, 아이의 목소리는 피곤함이 묻어났다.

엄마가 계속 가라고 하자, 아이는 이렇게 이야기한다.

수학학원 빠지고 토요일에 보강하면 되잖아? 응?

엄마가 안 된다고 했는지, 아이는 힘없이 알았어…. 라고 끊는다.

친구한테 우리 엄마가 안 된대.라고 하자 친구들도 실망한 표정이다.

사실 통화내용만 들어서 뭐라 추측할 수는 없지만, 초등학생의 하루 일과표가 너무 빡빡해 보였다.

공원에서 친구들과 놀 시간도 없으니 말이다.

학원 가기 싫은 날도 있을 텐데 무조건 학원을 가야 하니 얼마나 힘들겠는가?

아이가 긍정적으로 생각이 들겠는가?

긍정적인 아이가 되기 위해선 아이 스스로 생각하고 결정권을 줘야 한다.

아이가 필요하면 학원을 보내 달라고 할 것이고 아이가 때론 학원 빠지고 싶으면 놀게 하는 게 맞는 거다.

아이에게 억지로 학원가라고 하면 아이는 부정적으로 생각할 수밖에 없다.

우리 엄마는 학원 가서 공부만 하래.

무조건 1등만 하래.

내 마음도 몰라주고.

아이에게 긍정적으로 자라게 하고 싶은가?

사교육을 억지로 시키지 말고 책을 읽도록 지도해보자.

때론 아이들이 친구들과 놀 수 있는 여유도 주자.

긍정적인 여유를 주어야 아이도 긍정적인 생각을 하게 된다.

스스로 생각하고 긍정적인 아이들은 어려운 문제에 닥쳐도 오뚜기처럼 다시 일어난다.

작은 나무만 보며 전전긍긍 하지 말고 큰 숲을 바라보자.

반에서 1등보단 세상에서 1등으로 키우자

우리는 아주 작은 것에 집착하며 살아간다.

나 역시도 그렇다.

늘 앞에 보이는 것만 볼 줄 안다.

세상은 엄청 넓은데 말이다.

당장 눈앞의 보이는 것만 연연하며 살다 보니 어느 순간, 우물 안 개구리가 되어 있었다.

대학도 인 서울로 가서 큰 대학에서 다양한 경험을 해야 한다고 생각했는데, 어찌하다 보니 지방대 간호학과에 갔다.

간호학과에서 공부하고 실습하고 반복하다 보니 어느 날 졸업 때가 되었다.

다양한 경험을 쌓기 위해 여러 동아리 활동을 기웃기웃했지만, 그때뿐이었다.

졸업 후 큰물에서 생활해야겠다며 대학병원에 취업했다.

대학병원에서 나름 큰 포부를 갖고 취업했지만, 생각과는 달리 응급실 안에서 죽기 살기로 일했다.

3교대의 삶이 녹록하지 않을 뿐 아니라 눈뜨고 출근하고 퇴근하는 삶이 반복되었다.

큰물에서 놀겠다던 내 뜻은 어디론가 사라지고 당장 먹고살기에 급급했다.

그만두고 싶은 마음도 컸지만, 월급날만 손꼽아 기다리며 견뎠다.

이곳에서 잘 버티면 직장생활 잘하는 거로 생각하며 몇 년을 버텼다.

나름 선택할 기회가 왔음에도 불구하고 응급실에서 6년을 버티고 나니깐 보이는 게 이것뿐이었다.

뭔가 버티면 더 큰 사람이 될 꺼라 생각했지만, 막상 현실은 그러지 못했다.

고작해야 아래에서 윗사람으로 위치만 바뀔 뿐이었다.

몇 년 후, 나는 간호과를 졸업해서 간호사만 되어야 한다는 나의 고정관념을 버렸다.

간호사가 아니면 뭔가 실패한 인생인 줄 알았다.

몇 년을 간호사가 되기 위해 공부했는데, 다른 일을 한다는 건 상상조차 하지 못했다.

고정관념을 깨고 나자 다른 일과 다른 사람의 삶이 눈에 보였다.

직장을 다니면서 야간대학을 다니고, 야채 장사를 해서 성공하고, 새벽시장에서 열심히 사는 사람들의 모습을 보며 더 큰 삶을 그렸다.

우물 안 개구리처럼 간호사라는 한계에 갇혀 살지 않기로 한 것이다.

나의 동기 중 서울로 간 친구들이 더 잘된 경우도 많았다.

한 친구는 빅 3 병원에서 몇 년을 견디고, 미국 간호사 면허까지 따서 미국으로 건너갔다.

영어 공부도 죽기 살기로 했다고 한다.

자신이 빅 3 취직해서 성공한 인생을 살 줄 알았는데, 막상 그게 아니었다고 했다.

출근과 동시에 일만 하다 보니 어느 순간 자신의 몸도 마음도 지쳤다고 한다.

그렇게 미국 간호사 공부를 하면서 더 큰 꿈을 갖게 되었다는 것이다.

지금은 미국 간호사로 취직했을 뿐 아니라 미국에서 결혼하여 잘 살고 있다.

거기에 머무르지 않고, 에어로빅 강사 자격증까지 취득해서 미국에서 새벽에 에어로빅도 가르친다는 것이다.

내 눈앞의 것만 보고 살았던 나와 달리 친구는 지금 멋지게 사는 듯했다.

물론 큰물이 다 좋은 건 아니지만, 이왕이면 다양한 삶을 경험하며 사는 게 맞는 거 같다.

나처럼 간호학과를 나오면 무조건 간호사가 되어야 한다는 편견을 버려야만 한다.

낯선 일을 할 때는 그렇게 두려웠던 일들이 지금은 왜 그때 안 했는지 후회스럽다.

뒤늦게 작가가 되고 싶었던 나는 할 수 없다는 생각을 져버리기 위해 얼마나 노력했는지 모른다.

학창 시절의 국어라는 과목도 싫어했던 내가 작가가 될 수 있냐는 의문이 생겼지만, 더 늦기 전에 도전했다.

지금은 책을 출간해보고 많은 독서를 해보니 세상이 얼마나 넓은지 뼈저리게 느끼는 중이다.

그래서인지 아이들에게서도 나는 넓은 세상을 보여주고 싶다.

남들은 받아쓰기 100점, 대회 나가서 받은 상등을 자랑하지만, 나는 아이들에게 넓은 세상을 보기를 바란다.

지금 당장 잘하는 것보다 그 순간순간 경험이 모여 훗날 크게 빛을 발휘하기를 바란다.

초등학생인 우리 아이들은 남들보다 뛰어난 것은 없다.

다만, 더 높이 날기 위한 디딤돌을 만드는 중이리라 믿고 싶다.

한번은 아이가 금연 캠페인 대회가 열려서 나름 그림을 잘 그렸다고 한다.

자신도 상을 탈 수 있을 꺼라 기대했다는 것이다.

예상과 달리 자기보다 더 못 그린 친구가 상을 타자 딸은 시무룩했다.

자신은 색칠도 더 꼼꼼하게 했고, 상상력을 발휘했는데 선생님은 다른 친구에게 상을 줬다는 것이다.

나는 그날 딸아이에게 선생님이 보는 눈이 없어서 그런 거야.

라고 말하며 나중에 광역시에서 하는 대회에 나가 보자며 용기를 주었다.

아이의 속상한 마음을 이해했지만, 이것 또한 경험이라 생각했다.

아이가 최선을 다했으면 그걸로 된 것이다.

우리는 눈앞에 보이는 거로 연연하며 살아간다.

오늘 무엇을 잘했고, 옆집 아이는 무엇을 잘하며, 학교에 엄마가 가야 하는 거 아니냐며 사소한 고민을 한다.

엄마들은 학교에 상담도 해야 선생님이 더 잘 봐준다는 등 학교 봉사도 해야 선생님이 좋아한다는 등 많은 이야기를 한다.

나는 설마 그럴까? 선생님의 인성을 믿는다.

언제까지 엄마가 아이의 학교생활을 간섭할 수는 없다.

아이는 아이 자신의 인생을 살아야 한다.

다만 부모가 스스로 인생을 살도록, 높이 날도록, 디딤돌이 되어주면 된다.

그 디딤돌은 다름 아닌 부모가 열심히 사는 모습을 보여주고, 넓은 세상을 볼 줄 아는 지혜를 심어주면 된다.

사실 부모 역할이 어려운 나도 지금 시행착오를 겪는다.

학교에서 숙제 평가, 단원평가, 받아쓰기 등을 보고 평가지를 가져온다.

그럴 때 우리 아이가 0점을 받았다면 순간 화가 난다.

기본도 못 하는 거 같아서 말이다.

아무리 사교육을 시키지 않았어도 이렇게 못할 수가 있을까? 하고 말이다.

그런데, 지금 한글을 못 한다고 해서 넓은 세상을 못 보는 건 아니다.

우리 막내는 받아쓰기를 잘 못 한다.

그래서 꼴찌라고 해도, 나는 웃으며 이야기한다.

괜찮아…. 수학은 1등이잖아.

오버해서 이야기한다.

받아쓰기는 못 해도 우리 아이는 세계 여러 나라의 책을 보며 오늘도 다른 나라의 사람들의 삶을 공부한다.

세상을 공부하는 게 더 낫는다는 게 내 생각이다.

조금 느려야 세상을 볼 수 있다.

오늘도 느리게 가야겠다.

더 높이 날기 위해서는 조급함을 버려야 한다.

책으로 우등생 만들자

우리 집에 온 지인들은 이렇게 이야기한다.

무슨 책을 전집으로 사줬냐고 말이다.

엄마가 돈 벌어서 책에다 다 쏟아부었다며 놀랜다.

한편에서는 엄마 욕심 아니냐는 말도 들린다.

전집으로 사주면 아이가 책 읽기도 전부터 질려 한다는 등 말이다.

나는 남의 의견에 반박을 잘하지 못한다.

우선 상대방이 나와 다른 생각이라는 걸 인정한다.

무조건 아니라고 말하기보단 그렇게 생각할 수도 있지…. 라고 인정하는 편이다.

물론 전집으로 사주면 아이가 책 읽기도 전부터 질려 할 수도 있다.

하지만 환경을 만들어 주기 위해서 책을 종류별로 사는 것도 나쁘다고 생각하지 않는다.

물론 억지로 사는 건 잘못이겠지만, 아이 좋아하는 성향을 고려해서 능력껏 사주면 된다고 생각한다.

그렇게 우리 집은 나의 월급의 10% 정도는 아이들 책값으로 썼다.

자연관찰, 명작, 창작, 전래, 미술, 음악, 요리 동화 등 종류별로 말이다.

처음에는 책장이 부족할 정도였으니 신랑이 화를 내며 이야기했다.

무슨 책을 이렇게나 많이 필요하냐고 말이다.

내심 생각해서 산 건데 남들 보기에는 무작정 사는 것처럼 보인 듯했다.

그렇게 환경을 만들어 주니, 아이들은 텔레비전 대신 책을 봤다.

거실에는 텔레비전 대신 책장 4개가 있다.

물론 책을 편하게 볼 수 있는 의자나 쿠션도 필수품이었다.

그렇게 나는 집에 있는 시간에는 언제든 책을 볼 수 있도록 했다.

물론 강요하지 않고, 시간이 남으면 내가 읽어주고 시간이 없으면 혼자서 그림만이라도 보도록 했다.

그렇게 어렸을 때부터 습관을 들여놔서인지, 한글 공부도 따로 시키지 않아도 책을 들고 오면서 제목을 이야기했다.

예를 들어 성냥팔이 소녀라든가 아기돼지 삼 형제 라는 책을 꺼내면서 책 제목을 이야기했다.

유일하게 동네에서 한글 학습지 시키지 않는 집이 되었다.

한글도 모르는데 어떡하냐는 소리도 들었는데, 전혀 걱정되지 않았다.

옆집 언니는 딸아이가 6살인데 벌써 한글을 뗐다며 이야기했다.

그에 비해서 우리 아이는 더듬더듬 읽는 수준이었다.

그렇게 같은 초등학교 1학년이 되었다.

물론 옆집 아이가 한글도 잘 읽고 받아쓰기도 잘했다.

그에 반해 우리 아이는 한글을 읽는 정도로 입학했다.

받아쓰기는 잘해야 50점대였다.

그런데, 몇 달 후 옆집 언니가 자기 딸이 문제 이해도가 떨어진다며 이야기했다.

문장을 읽고 나면 무슨 뜻인지 전혀 모른다는 것이다.

그에 비해 우리 아이는 한글을 잘 읽지는 못했지만, 장문에 대한 이해도가 뛰어났다.

그렇게 몇 년 흐른 지금은 옆집 아이는 논술 학원을 보내고 있다.

사실 책으로 우등생을 만든다고 하면, 사람들은 의아해한다.

책과 시험은 별개라고 말이다.

그런데, 중요한 건 책을 많이 읽는 아이는 문제에 대한 이해도가 뛰어나다.

요즘 수학 문제도 장문으로 나오기 때문에 읽고 이해를 하지 못하면 풀 수가 없다.

아이가 무작정 계산해서 만점 받는 시대는 지났다.

문제의 요점이 무엇인지, 말하는 이가 하고자 하는 요점이 무엇인지 파악할 줄 알아야 한다.

그래서 책 읽기가 중요하다고 생각한다.

사실 처음에는 엄마가 읽어 주는 게 맞다.

무조건 아이에게 읽으라고 하면 아이는 부담스럽다.

한글도 잘 모르는데, 읽기 싫어할 수밖에 없다.

엄마가 읽어주면 머릿속으로 집어넣고, 스스로 상상의 나래를 펼친다.

그 후, 그 책을 혼자 읽으면서 다시 한글이 눈에 들어오기 시작한다.

그렇게 쉬운 책에서 어려운 책으로 읽다 보면, 어느 순간 아이가 장문을 읽더라도 어려움이 없게 된다.

사실 나는 학습지나 방문 수업을 좋아하지 않는다.

나의 언니도 방문 수업 선생님이다.

나를 보며 방문 수업의 장점도 많이 이야기한다.

들으면서 맞는 말이기도 하지만 사람마다 생각이 다르기 때문에 선택은 본인 몫이다.

한번은 학습지 한번 해보라며 샘플 수업을 해준다고 했다.

부담 없이 받아보라고 해서 신청을 했지만, 사실 좀 당황했다.

10분도 안 되는 시간을 하고, 나머지는 숙제라고 했다.

선생님이 알려주는 것은 통 문자를 읽고 써보는 걸 옆에서 지켜봤다.

아이가 쓰기 싫어하는데 억지로 쓰는 듯해 보였다.

선생님은 읽기와 쓰기를 병행해야 한다며 이야기했다.

하지만 내 생각은 쓰기는 나중에 해도 된다고 생각했다.

그렇게 샘플 수업만 받았지만, 신청까지 하지는 않았다.

물론 주위에 좋다는 반응도 많다.

그렇게 책 읽기만 부지런히 시켰더니 어느 날 쓰기도 혼자 했다.

물론 소리 나는 대로 쓰는 경우도 많았지만, 그냥 그대로 뒀다.

대신 어려운 글자가 나오면 책을 읽다가 어려운 단어를 설명해 주기도 했다.

자연스럽게 책을 읽으면서 천천히 가는 방법을 택했다.

나의 경우는 주말에 책 읽기 시간을 많이 가졌다.

그런 덕분인지 아이들은 문제에 대한 이해도가 높았다.

어려운 문제도 몇 번씩 읽어보고 끝까지 해결할 수 있게 되었다.

나는 지금도 아이에게 공부 잘하라는 말 대신 책 읽는 시간이다. 라는 말을 자주 한다.

스스로 읽는 것도 중요하지만, 가족 모두 책 읽는 시간은 지키려고 노력한다.

책 읽는 시간은 평일에는 집에서 하지만, 주말에는 다른 장소에서 하는 것도 괜찮다.

아이들도 똑같은 환경보단 새로운 환경을 더 좋아하기도 한다.

우리는 날씨 좋을 때는 책 싸고 김밥 사서 돗자리 펴고 공원에서 책 읽는다.

지나가는 사람들이 쳐다보기도 하지만, 뻥 뚫린 하늘이 보이는 곳에서 책을 읽으면 정말 새롭다.

남들의 시선 따위는 중요하지 않다.

자연과 하나 되어 책도 읽고, 자연도 음미하다 보면 얼마나 좋은지 느껴보길 바란다.

학기 초가 되면 너나 할 것 없이 학원을 알아보고 어떤 문제집이 좋은지 알아보기 바쁘다.

나는 공부보다 더 큰 세상을 보기 위해 서점 가서 아이들에게 선물할 책을 고른다.

당장 눈에 보이지 않을지라도 언젠가 이 책이 인생의 밑받침이 될 꺼라 믿기 때문이다.

빌 게이츠가 어렸을 때 학교에 가지 않고 도서관에서 온종일 책만 읽었다고 한다.

학교 가라, 공부해라, 는 말 대신 아이가 도서관에서 책을 읽도록 지켜봐 준 부모가 존경스럽다.

나도 아이들을 위해 지켜보는 부모가 되도록 노력해야겠다.

제6장

정답은 책이다

학원으로 하루 일정을 짜고 있는가?

우리 동네는 신도시라서 인지 학원이 너무 많다.

건물마다 수학 영어는 기본이고, 사고력, 논술, 레고 등 다양하다.

아이들이 많다 보니 어제까지 보이지 않았던 학원들이 하나둘 늘어난다.

모처럼 주말에 동네 산책을 하는데 그새 새로운 학원이 생겼다.

한 건물에 영어 수학학원이 2~3개씩 있는 꼴이다.

이름도 한눈에 띄는 곳이 많다.

간판만 보면 금방이라도 성적이 오를 거 같아 보였다.

아이가 중학생이 되면서 영어 학원에 전화했다.

아들 상담을 하면서 교재나, 학습 방법 등을 물어봤다.

우리 학원 아이들은 하루에 단어 30개 정도는 기본으로 외우고 간다고 한다.

빨리 외우면 집에 일찍 갈 수 있어서 아이들이 열심히 외운다고 했다.

선생님의 말씀에 따르면 친구들보다 잘해서 집에 빨리 가기 위해 또는 포인트를 받기 위해 부지런히 외운다고 했다.

그렇게 6개월이 지나면 문법책 1권 정도 거뜬히 끝낸다고 했다.

중학교 선행까지 미리 하고 가기 때문에 아이들이 중학생이 되어도 어려움이 없다고 말이다.

순간, 이 학원에 보내야 할까? 라는 생각도 들었지만, 한편으론 주입식 교육이 효과가 있을까 생각이 들기도 했다.

아들 친구가 우리 집에 놀러 왔는데 하루 학원 일정을 말하면서 영어 단어 숙제까지 하고 나면 밤 10시가 넘는다고 말했다.

영어 단어는 외우면 금방 까먹는데 왜 숙제를 내주는지 모르겠다면서 말이다.

내가 학원 다니지 말고 집에서 공부하면 안 되니? 라고 묻자 엄마가 영어랑 수학은 꼭 다녀야 한다는 것이다.

아이는 단어 숙제 적고 외우느라 피곤하다고 토로했다.

나 역시도 학창 시절에 암기 과목과 영어가 싫었다.

이해도 안 되는데 무조건 외워서 시험 치는 선생님이 싫었다.

시험 잘 보는 아이에게는 엄청 친절했고, 나처럼 못하는 아이들에게는 선생님이 체벌했다.

그때 나는 약간의 반항기가 있었다.

왜 무조건 외우라고 하는지 이해가 안 된다며 선생님께 당당하게 말했다.

그날 한자 시험을 봤는데 한자 한 개 한 개를 다 외워서 적어야만 했다.

나는 어렵기도 했고, 뜻도 모르고 외우는 게 정말 싫었다.

그날 나는 일부러 빵점을 맞았다.

백지로 시험지를 냈다.

선생님은 어이가 없는지 나보고 그냥 들어가라고 했다.

그날 나는 선생님이 정말 미웠다.

백 점 맞은 아이들에게 선생님은 선물로 사탕을 주셨다.

나는 선생님이 차별한다고 생각했다.

이 까지 암기가 뭐라고 선생님이 이걸로 사람을 평가하냐고 생각했다.

그래서 나는 지금까지도 암기하는 걸 싫어한다.

이해하고 외우는 거랑 뭔지도 모르고 무조건 외우는 것은 천지 차이다.

나는 한자도 책을 통해서 자연스레 눈으로 익혔다.

그 덕분에 지금 쓸 줄은 잘 몰라도 읽는 건 잘한다.

나는 나를 믿어주는 선생님, 나를 인정해 주는 선생님이 좋았다.

잘한 아이만 차별하는 선생님 때문에 학교 가기가 싫을 정도였으니 말이다.

시험 보고 손바닥 맞고, 성적 떨어졌다고 체벌하고 학교가 즐거울 리가 없었다.

나는 이런 경험이 있기에 아이들에게 1등만 하라고 말하지 않는다.

물론 스스로 공부해서 잘하면 더할 나위 없이 좋겠지만 억지로 학원 보내서 공부시키지는 않는다는 말이다.

사람은 누구나 쉼표가 있어야 그다음을 잘 달릴 수 있다.

나 역시도 쉼표 없이 앞만 보고 전력 질주했더니 쉽게 지쳤다.

살면서 쉼표가 얼마나 중요한지 느꼈다.

아이들 역시 쉼표 없이 하루를 이곳저곳 바쁜 스케줄로 채워지다 보면 어느 순간 이런 생각을 할인지도 모른다.

공부는 왜 해야 하는지, 살면서 중요한 게 무엇인지.내가 하고 싶은 게 무엇인지 모르고 살지도 모른다.

자라면서 내 생각이 중요한 것이 아닌 엄마의 생각에 맞춰서 살아가는 것이다.

무엇을 선택하면서, 엄마에게 물어보고 엄마가 하라는 대로 사는 것 말이다.

어느 순간 자기 스스로 선택을 하지 못할지도 모른다.

중요한 건 하루 일과를 엄마가 짜주는 것이 아니라, 아이 스스로 선택할 수 있게 해야 한다.

학원을 아예 다니지 말라는 것이 아니다.

학원은 한군데만 다니고 싶다면 그렇게 해야 한다.

혹시 아이가 더 다니고 싶다고 하면 그렇게 해도 된다.

다만 엄마의 강요가 들어가서는 안 된다는 것이다.

아이 스스로 시행착오를 겪으며 살아야 중요한 선택을 함에 있어 실수가 없다.

나는 아이가 이 학원 저 학원 보내 달라고 할 때 다 보내줬다.

대신 아이가 싫다고 안 다니겠다고 했을 때도 과감하게 보내지 않았다.

우리 막내는 초등학교 1학년 때 피아노를 배워보고 싶다고 했다.

내가 취미로 피아노 연주하는 모습을 보고선, 엄마처럼 피아노 치고 싶다면서 학원을 보내 달라고 했다.

1달 정도 치더니 엄마, 피아노가 생각보다 재미가 없어.

나는 그날 과감하게 끊었다.

나는 몇 달만 더해봐라. 왜 이렇게 끈기가 없니? 라는 말 대신 그만해도 된다고 말했다.

하기 싫은 걸 억지로 하는 건 역효과가 난다.

부모가 좋은 학원 섭외해서 억지로 보내다 보면 나중엔 모든 책임은 엄마가 져야 한다.

언제까지 아이의 인생을 간섭할 것인가?

아이가 스스로 결정하고 선택할 수 있도록 주도권을 주자.

아이의 인생을 엄마가 만들고 있는가?

우리 동네는 신도시다 보니 젊은 엄마들이 많다.

엘리베이터만 타더라도 대부분 젊은 엄마들이다.

신생아부터 유치원 엄마들이 가장 많은 듯 보였다.

우리 집은 18층이다 보니 내려가면서 몇 번씩 문이 열린다.

아는 얼굴들도 보이지만, 모르는 분들도 많고, 애써 모른 척하는 분위기도 느껴진다.

큰아이 키울 때는 신랑 직장 안의 관사에 살아서인지 무조건 인사를 해야만 했다.

관사는 군인 가족들이 살기 때문에 알든 모르든 인사는 기본이다. 심지어 어디 부서에서 일하나 직급이 뭐냐고 묻는 분들도 많았다.

애써 말하고 싶지 않지만, 묻는 말에 대답을 안 할 수는 없었다.

그렇게 대답하고 나면 후배구나, 아니면 부사관이네! 라며 자신이 내뱉고 싶은 말을 한다.

그럴 때마다 불편하기 짝이 없었다. 그러다 보니 밖에 나갈 때도 왠지 모르게 거울 한번 쳐다보고 단정하게 나가야 했다.

'두 번 다시 관사에서는 살지 않겠어.' 라고 결심하고 없는 돈 끌어다 아파트를 샀다.

물론 관사의 장점도 많다.

안전하다는 것, 편의 시설이 부대 내에 다 있다는 것, 같은 동지애가 느껴진다는 것 정도다.

장점보다 단점이 많았기에 과감히 아파트로 나갔다.

무엇보다 자유가 중요하다고 생각했기 때문이다.

한번은 우리 아이가 딱지치기하는데, 상대방 아이의 딱지를 따게 됐다.

아이는 울면서 너희 아빠 대장이야? 아니지?

우리 아빠는 대장이야…. 라며 아이에게 협박했다.

놀이터 의자에 앉아있던 나는 그 소리를 듣고 모른 척 지켜봤다.

아이는 한술 더 떠서 우리 아빠는 중령인데, 너희 아빠는 뭐야? 라며 따졌다.

순간, 나는 딱지 돌려주면서 다시는 딱지치기 하지 말라고 말했다.

아직도 그 아이의 살벌한 표정이 잊히지 않는다.

부모 백이 자신의 백인 줄 알고 사는 아이의 표정을 말이다.

그날 저녁 설거지를 하면서 관사 생활은 여기까지라고 생각했다.

물론 좋은 이웃분들도 많아서 음식도 주고받아 먹으며 정도 쌓아간 사람도 많다.

다만 소수의 사람 때문에 관사를 떠났다.

그렇게 일반 아파트에서 살면서는 내 맘대로 내 하고 싶은 대로 자유가 생겼다.

대신 관사만큼 끈끈한 정은 없었다.

옆집에 누가 사는지, 윗집 아랫집과의 교류가 전혀 없다.

아침에 출근하면서 인사하는 사람도 소수였다.

애써 인사하다가 나도 모르게 눈을 피하게 되는 경우도 있다.

한번은 4층에서 엘리베이터가 멈췄다.

엄마의 포스와 두 아이의 미모에 나는 인사를 건넸다.

나의 인사가 무색하게 엄마는 아이에게 사사건건 간섭을 했다.

옷 깨끗하게 입어라, 우유는 꼭 먹어라, 끝나고 오늘은 미술 선생님 오는 날이다.

심지어 신발 끈도 다시 묶어 주면서, 둘째 아이 가방까지 들고 있었다.

그 엄마는 나의 인사도 무시한 채 아이에게 당부의 말과 하루의 일정을 알려주느라 바빴다.

한편으로는 아이를 위해 최선을 다하네, 라고 생각하다가 한편으로는 엄마가 아이 인생을 대신 살아주는구나! 라고 느꼈다.

그뿐만 아니라 며칠 후에도 반복된 상황을 봤다.

그날도 4층에서 멈췄는데, 아이는 손에 우유를 들고 있었다.

엄마는 아이에게 우유를 먹이면서 비타민을 주고 있었다.

인사를 하려다 한번 외면받은 경험이 있기에 나도 시선을 애써 외면했다.

이 엄마도 한때는 자신의 인생을 살았을 전문직 여성 이었을 텐데,

지금은 아이의 인생을 대신 살아주고 있다고 느꼈다.

아침에 눈 떠서 밤에 잠들 때까지 아이의 인생을 대신 살아가지는 않는가? 스스로 살펴보자.

아이를 위해 아침밥을 차리고, 학원을 데려다주고, 간식을 먹이고, 저녁을 하고, 숙제를 봐주고, 하루를 아이에게 올인하는 인생 말이다.

물론 아이에게 엄마가 당연히 해야 할 역할이라 생각할지도 모른다.

대신 엄마가 주도권을 갖고 명령을 하면 안 된다.

아이가 혼자 할 수 있는 것은 스스로 할 수 있도록 자유를 줘야 한다.

엄마라는 역할은 아이에게 좋은 음식을 제공하고, 사랑으로 보살피고, 아이를 따뜻한 눈으로 지켜봐 주는 거라고 생각한다.

나는 아이 셋을 키우며 직장생활을 한다.

다들 무척 바쁘겠네요…. 바빠 보여요…. 라고 말한다.

물론 바쁘다.

다만 나는 아이의 일과를, 인생을 대신 챙겨주느라 바쁜 것이 아니다.

내가 일하면서 책도 읽어야 하고, 책도 써야 하니 바쁘다.

저녁 차려주고 동네 한 바퀴 산책하러 나가야 하니 바쁘다.

아이의 인생을 대신 살아주면서 바쁜 게 결코 아니다.

나는 아이의 알림장을 보지 않는다.

그래서 준비물도 챙겨주지 않는다.

한번은 아이가 밤늦게 엄마 물감 가져가야 하는데, 어떡하죠? 라고 말했다.

그때 시간은 벌써 저녁 9시가 넘어갔다.

이미 문구사는 문 닫을 시간이었고, 준비물을 살 수는 없었다.

아이에게 스스로 해결하도록 했고, 그다음부터는 준비물이 있으면 바로바로 이야기하게 했다.

아마 그날 아이는 물감 준비물을 하지 못해서 선생님께 한 소리 들었을지 모른다.

마음은 아팠으나, 아이에게 시행착오를 통해 스스로 문제를 해결하도록 하는 게 중요하다 생각했다.

그 후로 알림장 확인이나 준비물은 바로바로 하게 되었다.

아이들의 책가방 정리나 방 정리는 아이들 스스로 하게 해야 한다.

사실 아이 셋을 키우면서 일일이 다 챙겨줄 수는 없었다.

물론 알림장을 보면서 준비물을 챙겨주는 엄마들도 있다.

하나하나 살펴보고, 정리까지 해준다.

학교에 가서 사물함 정리도 해주는 엄마도 있다.

나는 사정이 되지 않아 아이들 스스로 하도록 했다.

한번은 막내아들의 가방에 쓰레기가 가득했다.

청소하다가 우연히 봤더니 가방 안에 연필과 지우개는 나뒹굴어져 있고, 필통도 없었다.

학교에서 했던 활동지와 스케치북이 꾸깃꾸깃 찢겨 있었다.

물통에서 물이 새서 가방도 젖어 있었다.

순간 아이에게 정리하라고 말하고 싶었지만, 일부러 말하지 않았다.

그렇게 며칠 동안 아이의 가방은 쓰레기를 갖고 다녔지만, 본인도 지저분했는지 어느 날 혼자 정리하고 있었다.

쓰레기통에 온갖 종이들이 버려져 있었고, 물티슈로 가방을 닦는 모습을 보았다.

아이 스스로 불편함을 느꼈을 꺼라 생각했다.

때론 실수도, 실패도 해봐야 더 큰 시련을 극복할 수 있다고 생각한다.

엄마가 다 해준다면 아이는 잘할 수밖에 없다.

다만 지금 잘하는 게 다가 아니다.

더 큰 그림을 위해서 지금은 아이 스스로 하게 지켜봐야 한다.

오늘 우리 아이는 실수와 실패를 반복하고 있을 것이다.

그러나 괜찮다.

더 큰 그림을 그릴 테니 말이다.

아직도 팔랑 귀를 달고 사는가?

살면서 나의 주관을 갖고 살아가는 게 쉽지 않다.

직장에서는 내 뜻대로 했다가는 왕따 당하기 딱 맞다.

이곳저곳 눈치 보며 살다 보니 퇴근 후에는 늘 피곤하다.

내가 하고 싶은 말, 내 생각을 내세우기가 쉽지 않다.

결혼 후에는 더 팔랑 귀를 달고 산다.

우리 아이는 내 뜻대로 키우리라 다짐해 보지만, 오늘도 옆집 아줌마 앞집 아줌마의 말에 흔들린다.

첫째 아이를 낳고, 육아가 처음이었던 터라 맘 카페에 가입했다.

아이를 위해 교구가 좋다며 댓글이 엄청나게 달렸다.

순간, 뇌 발달에 좋다는 교구를 당장 사야겠다고 생각했다.

다음날은 아이 어렸을 때 책을 많이 읽어 줘야 한다기에 책 종류별로 샀다.

아이 유모차도 흔들리지 않는 거로 사야 한다기에 중고 시장 가서 샀다.

이렇다 보니 하루하루 내 뜻대로가 아닌 남이 좋다는 것에 좌지우지했다.

요즘은 인터넷의 발달로 누구나 손쉽게 정보의 바다에 빠진다.

조금만 틈만 있어도 맘카페 또는 SNS를 열어본다.

내가 모르는 정보들이 수도 없이 많기에, 우리는 언제든지 SNS를 드나든다.

나만 모르고 사나 싶어서 몇 번을 들락날락하다 보니 자연스레 남들의 유행에 따라간다.

내 줏대대로 살기 위해 노력해보지만, 육아도 엄마도 낯설다 보니깐 혼자서는 어렵다.

나 역시도 혼자 당당히 잘할 거라 생각했지만, 엄마가 되니 쉽지가 않았다.

아이를 위해 알아야 할 것도 많고, 엄마로서 정보를 얻어야 할 것이 한둘이 아니다.

이유식을 만들어서 보관을 어떻게 해야 할지, 이유식에 넣을 재료가 무엇인지 알기 위해서는 남들의 정보에 귀를 쫑긋할 수밖에 없다.

세상은 내가 모르는 게 너무 많다 보니 하나하나 알아가는 재미도 컸다.

대신 남들이 좋다는 걸 무조건 듣고 따라 하는 팔랑귀를 갖고 있으면 안 된다.

나도 팔랑 귀를 버리기까진 몇 번의 시행착오가 있었다.

지금은 내 줏대를 가지고 중심을 잡고 있다.

내 친구는 아이를 유치원에 보낼 때 일반 유치원에 보내야 할지 영어 유치원에 보내야 할지 놀이학교에 보내야 할지 고민이라고 했다.

영어 유치원에 보내야 어렸을 때부터 영어 노출을 자연스럽게 할 수 있다며 긍정적인 반응이다.

놀이 학교는 다양한 경험을 시킬 수 있다는 점에서 긍정적이다.

도대체 어디로 보내야 할지 내 친구는 오늘도 고민 중이다.

나 역시도 팔랑 귀를 달고 살았다면 같은 고민을 했을 것이다.

독서로 다져진 내 줏대는 흔들리지 않았다.

영어는 돈에 비례하기 때문에 어렸을 때부터 다녀야 한다는 말을 무시했고, 놀이 학교는 몇 백만 원이 넘기기 때문에 패스했다.

대신 남들보다 자연에 많은 시간을 투자했다.

아이들과 낙엽 주으러 다녔고, 뒷산에 올라가 곤충을 잡고 식물을 관찰했다.

아이들에게 자연 체험을 시켰다.

남이 가는 길이 정답이라 생각했으면 나 역시도 영어를 어렸을 적부터 노출 시키고 사교육에 큰 비용을 썼을 것이다.

팔랑 귀를 닫고 사니, 나는 아이들과 자연 관찰 책에서 봤던 벌레를 관찰하기 위해 돋보기를 들고 뒷산으로 갔다.

내 친구는 사립 초등학교에 아이를 보내는데 학부모 모임에 가면 기가 죽는다고 말했다.

엄마들이 명품 백 하나씩 메고 오는 건 기본이고, 절반 이상이 외제 차를 타고 온다고 말한다.

남편들 자랑에 아이들 과외 이야기를 하는데 자신은 대화가 낄 수가 없다고 했다.

사실 친구도 사교육을 많이 시키는 사람이지만, 고액 과외 이야기를 들으면 자신은 할 말이 없다는 것이다.

이런 이야기를 들으면서 아이의 학습을 위해서라면 뭐든 하는 대한민국 엄마들의 열정을 느껴졌다.

엄마가 팔랑 귀를 달고 사면 아이도 피곤해진다.

엄마가 모임에 갔는데 이 학원이 좋다더라.

여기로 옮기자.

아이는 엄마 말대로 또 다른 학원으로 가야 한다.

그리고 또 모임에 참석하고 또 학원을 옮기고 반복한다.

학부모 모임이 나쁜 건 아니지만 팔랑 귀를 달고 갈 거면 안 가는 게 차라리 낫다.

남 좋다는 걸 따라 하다가는 아이를 망칠 수도 있다는 걸 알아야 한다.

엄마가 팔랑 귀를 버리기 위해서는 한 번쯤 생각해 봐야 한다.

아이에게 중요한 게 무엇일까?

나는 어떤 엄마가 되어야 할까?

아이가 어떻게 성장하기 바라는가?

엄마의 꿈은 무엇인가?

아이가 공부 잘하길 바란다면 엄마가 공부하면 된다.

아이가 부지런하길 바란다면 엄마가 부지런하면 된다.

아이가 행복하길 바란다면 엄마가 행복하면 된다.

아이가 성공하길 바란다면 엄마가 성공하면 된다.

오늘부터 팔랑 귀를 닫고 깊이 생각해보길 바란다.

책을 좋아하는 아이와 싫어하는 아이의 성향은?

처음부터 잘하기를 바라는 건 무모한 욕심이다.

아이가 책을 잘 읽으면 엄마들은 대부분 타고 난 거라 생각한다.

도서관에 가보면 혼자서 책을 읽는 아이들이 몇몇 보인다.

그런 아이들이 처음부터 스스로 잘 읽었을까?

나는 아니라고 생각한다.

처음부터 책을 갑자기 좋아할 수는 없다.

책을 좋아하는 환경이라든지, 책을 보면서 자신이 얻은 게 있든지, 책을 통해 호기심을 해결하든지 이유가 있다.

이 중에서 가장 중요한 게 무얼까?

나는 바로 환경이라고 생각한다.

처음부터 책을 무조건 좋아하고 혼자서 읽지는 않는다.

책을 가까이 할 수 있는 환경이 뒷받침됐다거나, 엄마가 책을 많이 읽어주었다거나 이유가 있다.

우리 아이들 역시 처음에는 책을 거들떠보지도 않았다.

집에서 장난감 가지고 놀거나, 모래 놀이 하는 것을 좋아했다.

나 역시도 육아에 지쳐서 책을 읽어주는 시간이 길지 않았다.

그렇게 몇 년이 흐르고, 아이들을 위해 책에 투자하기로 생각했다.

이유는 사교육비가 너무 비싸서 엄두가 나질 않았기 때문이다.

사실 아이 셋을 데리고 외출하기도 쉽지 않았고, 아이들에게 사교육 시키기에는 경제적 여유가 없었다.

신랑은 직장에 목메 야근하는 날이 많다 보니 오로지 독박육아는 내 몫이었다.

나는 아이들에게 독서 교육을 통해 외출을 못하더라도 간접경험을 시키고 싶었다. 무엇보다 아이들이 책을 좋아하길 바랐다. 그렇게 책을 샀고, 거실을 도서관처럼 꾸몄다. 텔레비전도 없애고 오로지 책장으로 꾸미고 의자만 두었다.

그렇게 아이들이 책과 가까워지도록 노력했다. 궁금한 게 있으면 바로 과학 동화를 펼치고, 전래동화를 통해 옛이야기를 읽으며 시간을 보냈다. 그러다 보니 자연스레 책을 좋아하게 되었고, 독서 시간을 지키고 있다.

반대로 아이에게는 책 읽으라고 하면서 엄마는 스마트 폰을 들여다보면 절대 안 된다. 밀린 드라마를 거실에서 보면서 아이에게는 방에 들어가서 책보라면 책을 싫어할 수밖에 없다.

책을 좋아하는 환경을 만들어 주고 엄마도 함께 노력해야만 된다.

무엇보다 다양한 종류의 책이 있으면 좋고, 아이들이 흥미 있어 하는 책을 먼저 사줘야 한다.

아이는 재밌는 이야기책을 좋아하는데, 엄마는 과학 동화나 역사책만 들이대면 책을 싫어하게 된다. 아이의 공부를 위해서 독서를 시키는 게 아니라, 아이가 책을 좋아하게끔 흥미를 유발하면 된다.

내 친구는 아이가 책을 싫어한다며 동네 학원으로 보냈다.

테스트에서 가장 낮은 반으로 들어가서 몇 달 다니니 지금은 얇은 책을 본다며 좋아했다.

역시 사교육이 효과가 있다고 말이다. 엄마가 책을 좋아하게 만들 수 있는데 무조건 학원이 최고라며 보내는 친구에게 할 말이 없었다.

친구의 말에 따르면 책 한 권 보지 않던 아이가 지금은 얇은 책을 읽고 문제를 풀고 틀린 문제를 고치고 집에 온다는 것이다.

엄마는 효과를 봤다며 뿌듯해했다.

1시간 동안 아이는 즐겁게 공부를 했을까?

학원을 안 다녀도 책을 즐겨 볼 수 있을까?

의문이다.

책이라는 건 아이가 스스로 찾고, 읽어야지 누군가의 의지대로 할 수는 없다. 학원을 보내면 그 순간은 읽겠지만 집에 오면 책을 거들떠보지도 않을 가능성이 크다.

책을 좋아하게 만들기 위해서는 인위적으로 학원을 보낸다고 해결되지 않는다.

아이와 함께 책을 읽거나, 서점에 가서 직접 고르도록 해보자.

아이가 원하는 책을 몇 권 사주다 보면 자연스레 책과 친해지게 된다.

만화책은 안 된다. 유익한 거 사라. 이런 것보다 무조건 책과 친해지게 하는 게 첫걸음이다. 아이가 원하면 만화책 한 권과 일반 책 한 권을 섞어서 사주면 된다. 한때 나의 딸도 만화책에 푹 빠져서 만화책만 보려고 했다. 그때 나는 만화책도 사줬지만 일반 책도 함께 고르라고 했다.

책을 좋아하게끔 만드는 것도 부모의 몫이다.

한번은 우리 집 독서 시간에 신랑이 책을 읽다가 베개로 베고 자는 모습을 보았다. 얼마나 피곤했으면 책을 베고 잘까? 독서 시간인데 잠을 자는 사람이 있네…. 라고 말하자, 신랑은 벌떡 눈을 뜨면서 책 내용이 감동적 이어서 눈감고 명상했다고 했다.

물론 거짓말이었지만, 신랑은 책을 머리에 베고 잘 정도로 책을 좋아한다.

책을 좋아하는 아이로 만들고 싶다면 오늘부터 독서 시간을 만들어 보자.

가족 모두가 동참하는 독서 시간 말이다.

사교육 할 돈으로 책을 사야 하는 이유는?

사교육 한 개 시키는 데 드는 비용은 평균 20만 정도다.

그것도 가장 저렴한 게 그 정도다.

비싼 과목은 기본이 25만 원 이상이다.

한 개 이상 보낸다면 평균 50만 원이 훌쩍 넘는다.

아이가 두 명일 때는 100만 원 정도는 기본으로 들어간다.

이건 아주 저렴한 상황에 해당한다.

남들 하는 거 다 따라 하면 몇 백만 원은 우습다.

물질적인 여유가 있는 경우는 쉽게 시킬 수 있겠지만, 그게 아니라면 이렇게까지 사교육에 올인 하는 건 바람직하지 않다.

몇몇 엄마들은 여유가 있어서 사교육 시킨 줄 아냐며 오히려 나에게 뭐라고 말한다. 아이를 장래를 위해서라면 엄마가 빚을 져서라도 가르쳐야 한다고 말이다. 빚내서라도 아이의 사교육을 가르쳐야 한다는 말에 더는 말을 하지 않았다.

엄마의 의무가 빚을 내서라도 사교육에 올인 해야 한다고 생각하면 나는 할 말이 없다.

이런 엄마들은 사교육을 시켜야 아이가 공부를 잘한다고 굳게 믿는 경우다. 사교육을 하지 않으면 우리 아이만 뒤처진다면서 말이다.

직장 동료는 사교육비 때문에 남편과 부부 싸움을 자주 한다면서 한숨을 쉬었다. 신랑은 학원 뺑뺑이 돌려가며 아이에게 돈을 그렇게 많이 써야 하냐며 뭐라고 한다는 것이다.

엄마는 그런 신랑이 답답하단다. 내 아이를 위해서 그 정도 교육을 해주는 건 당연한 건 아니냐면서 말이다.

신랑이 돈만 벌어다 주고 잔소리 좀 안 했으면 좋겠단다.

자식 교육은 엄마 몫이라면서 말이다.

나의 친척 동생은 어렸을 때 영재라는 소리를 들을 정도로 공부를 잘했다.

엄마의 사교육 덕분이었다. 3살 때부터 한글 교육을 시키고, 좋다는 수업을 모두 접하게 했다. 초등학교 고학년까지는 영재가 맞는다는 생각을 했다.

엄마의 사교육은 더욱더 열을 올렸고, 과외 선생님까지 초빙해서 수업을 받게 했다.

그런 아이가 고등학교에 진학해서는 남들보다 성적이 뒤처졌다.

엄마의 바람과 달리 공부보단 운동하는 걸 더 즐겼다.

엄마는 화가 났고, 아이는 더욱더 반항했다.

가장 중요한 고3 때는 자신의 인생에 간섭하지 말라고 했다.

결국, 지방대에 진학했고 지금은 공무원 공부를 하는 중이다.

엄마는 죽으라 직장생활 해서 학원비에 올인 했더니 아이가 열심히 하지 않았다면서 이럴 줄 알았다면 학원이라도 안 보냈을 텐데…. 라며 뒤늦은 후회를 했다.

아이는 엄마가 바라는 대로 되지 않는다.

어느 날 가수 이적의 어머니가 우리 동네에 강의하러 오셨다.

아들 셋을 명문대에 보냈다고 해서 강의를 들으러 갔다.

어떻게 아들 셋을 명문대에 보냈을까 궁금했다.

결론은 믿는 만큼 아이들은 자란다였다.

아이 셋을 데리고 도시락 싸서 자연에서 뛰놀게 하고, 책을 가까이 접하도록 했다고 한다.

자신의 식탁에는 늘 책이 천장까지 쌓여 있다면서 엄마가 공부하는 모습을 보고 아이들이 책과 가까워진 거 같다고 했다.

그분은 엄마가 아이를 믿는 만큼 아이는 성장한다면서 아이를 믿으라고 했다.

엄마의 욕심으로 아이를 다그치면 안 된다고 말이다.
사춘기가 되면 아이는 자기만의 독립심이 커진다.
그럴 때면 더욱더 아이의 의사를 존중해주고 아이를 믿어줘야 한다.

우리 큰아들은 어느 날 자기 전에 스마트 폰으로 게임을 하는 모습을 봤다.
사실 한 소리하고 싶었지만 나는 애써 못 본 척했다.
내가 하지 말라고 하더라도 아이는 밖에서 하게 되어 있다.
무조건하지 말라고 말하는 대신 아이를 믿어 보기로 한 것이다.
나는 아이가 커갈수록 모른 척 넘어가는 일이 많다.
예를 들어서 게임을 한다든지, 게임 아이템을 산다든지.
알면서도 모른 척 넘어가 준다.
내가 잔소리한다고 해서 아이가 안 하는 것도 아니기 때문이다.
믿는 만큼 자란다…. 이 말은 가슴 깊이 새겨두고 산다.
아이들에게 엄마가 바라는 건 1등이 되어선 안 된다.
아이를 믿고 독서 교육을 통해 세상을 볼 줄 아는 힘을 키워주길 바란다.

최근에 김승호 회장의 책을 보다가 감동적인 글귀가 생각났다.
그분은 시간당 몇천만 원의 몸값을 받는다.
그렇게 되기까지 자신의 피나는 노력이 있었다.
지금은 돈과 시간에서 자유롭다는 표현을 했다.

그러면서 자신은 돈이 많아도 외제 차나 남에게 보여주기 위한 물건을 사지 않는다고 했다.

자신은 지금도 포터 트럭을 몰고 다닌다고 했다.

남에게 보이기 위한 것은 아무 소용없다는 것이다.

자신이 부유하다고 생각될 때는 서점 가서 읽고 싶은 책을 다 구입할 수 있고, 여행을 위해 돈을 지출할 수 있을 때라 했다.

우리는 살면서 남에게 보이기 위해 명품 백을 사고, 외제 차를 사는 경우가 많다. 물론 자기 만족일 수도 있지만, 남에게 나를 내세우기 위함으로 물건을 구입하는 경우도 있다.

진정한 부자는 그게 아니라, 서점에서 읽고 싶은 책을 책값 신경 쓰지 않고 다 살 수 있다는 말에 공감이 됐다.

어쩌면 우리 아이에게 사교육 몇 개 보내고, 좋은 학원을 보내고 있다며 내세우고 있지는 않는지?

어쩌면 좋은 대학, 좋은 직장에 보내기 위하는 게 남에게 자랑하기 위함은 아닌지?

내가 오늘 일하는 이유는 아이에게 마음껏 책을 사주기 위함이다.

아이를 위해 사교육비를 벌어야 하는 엄마가 아니라, 아이가 읽고 싶어 하는 책을 사주기 위함이다.

최근에 아이들이 비행기 타고 여행가고 싶어요. 라고 말했다.

아이들은 유럽여행을 가보고 싶다고 했다.

사실 엄두가 나지 않지만 나는 자신 있게 말했다.

그 까이것 엄마가 열심히 일해서 돈 벌면 가자, 라고 말이다.

물질적인 풍족함이 아니더라도 아이들의 마음의 풍족함을 채워주기 위해서 오늘도 나는 열심히 달린다.

이번 주말은 서점에 가서 아이들이 읽고 싶어 하는 책을 맘껏 사주고 싶다.

그러기 위해서 오늘도 힘내서 화이팅해 본다.